戈壁设施蔬菜
生产关键技术

王娟娟　张国森　李　莉　主编

U0380614

中国农业出版社
农村读物出版社
北 京

编　委　会

前 言
Preface

  戈壁农业,是指在戈壁滩、沙石地、盐碱地、沙化地、滩涂地等不适合耕作的闲置土地上,在符合国家有关生态保护法律法规政策的前提下,以高效节能日光温室为载体,运用现代设施农业集成生产技术,发展设施蔬菜、瓜果等特色农产品的新型农业发展业态。戈壁农业是非耕地设施农业的重要组成部分,其核心内容是利用有机基质无土栽培技术,在非耕地发展设施种植业,具有节能高效、绿色循环、提质增效等优势。除此之外,还可以在非耕闲置土地上发展现代养殖业。

  戈壁农业是传统非耕地设施农业的“升级版”,也是钱学森“沙产业”理论实践的“姊妹篇”,既体现资源节约再生的循环经济,也践行以集约化、轻简化、信息化思维推动产业转型的现代农业发展理念,还蕴含科技创新、成果集群、生态循环、效益叠加、系统耦合的现代知识经济和系统工程创新理论,更是旨在保护好祁连山国家生态屏障的大前提下,按照质量变革、效率变革、动力变革的要求,努力探索走出一条集生态、经济、社会效益为一体的生态文明之路。

  为规范戈壁设施蔬菜绿色标准化生产,结合戈壁农业的理论研究成果,编写了本书,以便指导戈壁农业生产实际,提高生产管理水平。相信本书的出版发行，会对戈壁农业健康可持续发展提供有力的技术支撑。由于资料繁杂，时间紧迫，且关于西北地区戈壁农业技术研究储备有限，书中不足和不妥之处在所难免，欢迎广大读者批评指正。

编　者

2022.1.18

目 录
Contents

前言

第一章

日光温室总体设计规划

日光温室发展规划，是进行日光温室建设生产的比较全面的长远发展计划，是对未来整体性、长期性、基本性问题的考量和设计。科学规划和合理开发是做好戈壁日光温室蔬菜产业可持续发展的前提，应在充分考虑规划区地形地貌、水系、生态、地质及温、光资源等自然因素条件，考虑当地经济发展水平和投入力度，产品销售市场及运输条件，产业发展布局、发展模式、技术支撑和产业对当地生态环境的影响等综合因素的前提下制定相应发展规划。

一、规划建设原则及要求

（一）符合国家有关政策

戈壁日光温室规划建设应体现国家对非耕地开发利用和环境保护的有关政策，在生态环保的前提下合理进行规划建设，以发展设施农业为前提，采用先进技术和有效措施，达到对戈壁非耕地最大利用，产生良好经济、社会效益，实现可持续发展的目标。

（二）符合当地农业产业化发展规划要求

戈壁日光温室规划建设应结合当地农业发展规划进行，既注重当前，又着眼长远，并将此规划内容列入地区规划，适应当地经济社会发展短期规划及长期规划的要求。加强政策引导，鼓励民间资本投入戈壁日光温室产业发展。

（三）满足生产使用的功能要求

戈壁日光温室规划建设应充分考虑当地的自然资源和气候条件，最大限度地利用规划区土地资源，规划区以设施农业生产为主要功能，在确保设施安全、实用的前提下，满足生产中对水、电、路等基础设施的配套，整合优势，及早发挥效益。

（四）合理分区，发挥不同的功用

按不同功用，合理设置设施生产区、采后处理区、冷库冷藏区、办公生活区等不同区域，避免各区域之间相互干扰，做到功能分区合理、设施布置紧凑、交通流线清晰，满足设施生产和采后处理、运输等使用功能要求。

（五）技术经济合理

设施规划建设必须结合当地自然条件和建设条件因地制宜地进行。特别是在确定日光温室建设规模、建设标准、拟定技术措施时，一定要从实际出发，深入进行调查研究和充分的技术经济论证，在满足功能的前提下，努力降低成本，缩短施工周期，力求经济合理。

二、规划内容

（一）整体规划

要充分考虑未来园区建设与发展，按照远近期结合、近期为主，近期集中、远期外围，自内向外、由近及远的原则，合理规划近远期建设，做到近期紧凑、远期合理。要着重体现生态农业、循环农业发展思路，根据区域地形地貌、场地大小、实施主体及参与建设单位、建设重点、配套措施等，先确定主要生产区域布局、规模，预留办公生活区域、产品加工流通区域、气象监测区域等主要功能区，再根据生产区域布局合理规划主路及辅路、水网管线、配电设施、绿化带等配套设施建设。

1. 设施生产区域规划

按照总体规划布局，以参与建设及生产管理单位为主体，进行区块细化，确定每个区块建设规模、建设标准，根据主体实力和市场需求等因素，规划同期建设或分期建设。

2. 道路规划

道路规划设置要便捷、通畅，应与周围道路交通状况相适应，避免重复交叉，最大限度地为农业生产提供便捷通道。

3. 水网管线设置

合理规划，科学配置整体和温室个体之间的水网管线，管线之间的距离应满足生产及有关技术要求，要便于施工和日常维护，解决好管线交叉的矛盾，力求布置紧凑、使用方便。

4. 绿化规划与环境保护

绿化规划应与设施、道路、管线的布置一起全面考虑，统筹安排，在不占用设施生产面积的前提下，通过适当的设计手法和工程措施，把建设开发和保护环境有机结合起来，创造舒适、优美并具有可持续发展特点的环境。

(二) 设计要求

1. 总原则

戈壁日光温室的设计，在符合日光温室采光和保温设计原理的前提下，应充分考虑当地地理优势及气候环境变化特点，以合理采光、保温蓄热、节本降耗、生产安全为先决条件，最大限度地利用水土光热资源，满足作物生育和管理需要。具体规划设计中，应充分考虑适宜的跨度、脊高、角度，以及墙体与前、后屋面的水平投影长度比等结构参数，同时还应选择好骨架材料、墙体和后屋面等维护结构材料及透明、不透明保温覆盖材料。

2. 结构参数

(1) 方位角　日光温室建造一般要求坐北朝南，东西走向，正向布局，根据实际情况，可向东或向西偏斜 5°，最大偏斜不可超过 10°，以最大限度增加日照时间，提高保温蓄热性能。

(2) 脊高　即日光温室屋脊最高点与地面之间的垂直距离。脊高太低，温室内空间太小，热容性能差，夜间保温性差，容易引起植物冷害，同时由于空间小，水蒸气排放不流畅，造成室内湿度过大，容易结露，易引起多种病害发生。脊高过高，温室内空间大，夜间温度变化大，不利于作物生长，同时对设施安全也有一定的影响。通过多年生产实践，目前生产中建造的日光温室，其脊高控制在 5~5.6m 是比较理想的。

（3）跨度 即日光温室的南北向内径。跨度过小，温室内栽培面积小，生产能力差。跨度过大，温室前屋面采光不良，进而影响温室的热效应，降低温室的生产性能。戈壁日光温室跨度以 10～12m 较为理想。

（4）长度 一般指日光温室东西延长的长度。无论建造多么长的日光温室，其东、西两侧的山墙高度是不变的，也就是说两侧山墙在温室内造成的遮阳阴影面积是不变的，这种阴影面积在温室内属弱光照区，即低产区。温室越长，两侧山墙造成的遮阳阴影面积占温室总面积的比值就越小，也就是说山墙阴影对温室生产造成的损失就越小；温室越短，山墙阴影对温室生产造成的损失比例就越大。因此，原则上讲只要地形允许，日光温室越长越好。但根据生产需要，为了操作方便，一般戈壁日光温室的建造长度以 80～100m 为宜。

（5）墙体厚度 墙体厚度不够，热传导作用频繁，保温性能差，热量损失大。墙体过厚，建造施工难度大，造价高。综合考虑，戈壁日光温室墙体厚度一般以 1.5～2m 为宜。

（6）角度

①后屋面仰角。戈壁日光温室后屋面和后墙体的交角以125°～135°为宜，可确保后屋面对后墙体不会造成阴影面，有利于提高冬季戈壁日光温室保温蓄热性能。

②前屋面角。前屋面角的大小直接影响温室的采光和保温性能、雪雨水的流淌快慢、温室的整体结构、造型以及使用面积、空间合理与否等。以河西走廊为例，地处北纬 39°地区，综合考虑太阳高度角因素，戈壁日光温室合理采光屋面角以 27.5°～29.5°为宜。

三、建造材料及保温覆盖材料的选择

（一）屋架材料

屋面钢管骨架材料以平椭圆热镀锌钢管为主，数控机床压制成型，组合安装构成温室前采光屋面及后屋面，使温室成为一个整体。

（二）墙体材料

就地取材为主，在戈壁石滩上用挖出的石块及石沙砌建墙体，或采用空心砖、预制块砌建墙体，也可用混凝土浇筑墙体。

（三）后屋面材料

要求具备质轻、抗压、保温、防水等性能，一般选用 15cm 以上的厚彩钢岩棉板建造后屋面。

（四）透明覆盖材料

主要指前屋面覆盖的棚膜，应选用透光率高、耐候性好、流滴性好的功能性棚膜。

（五）保温覆盖材料

前屋面外保温覆盖材料必须具有良好的保温性、防水性、机械强度和耐久性，且重量适中、易于卷放，如保温被或草苫。保温被可采用化纤无纺布、再生纤维针刺毡、保温棉等多层复合材料缝制而成。

第二章

日光温室设计建造技术

一、混凝土墙体日光温室建造技术

该温室墙体由混凝土一次性浇筑而成，墙体建造较为简单，安全性能良好，但建造成本相对较高。

（一）结构参数

一般要求坐北朝南，东西走向，正向布局。在具体实施时，由于地形的限制，无法做到正向布局时，可根据具体情况，向东或向西偏斜 5°，最大偏斜不可超过 10°。为了农事操作及采摘方便，温室长度以 80m 为宜，跨度 10m，脊高 4.9m；后屋面仰角 40°～45°，后屋面投影 1.2～1.4m。

（二）建造技术

1. 基础工作

（1）场地选择 选择地势平坦，交通便利，不受洪涝影响，便于施工，易于配套水电等基础设施，地下水位低，不破坏当地生态环境的戈壁地带。

（2）场地平整 施工前对场地进行平整，确定地面零水平线。

（3）温室间距 温室前后间距宜为 14m，东西间距随整体规划而定。

（4）规划放线 确定好园区主干道分布和区域布局后，再根据温室方位角确定好温室后墙线和山墙线，同时确定好开挖线，便于机械作业施工。

（5）场地开挖 用挖掘机开挖，宽度为温室设计跨度的 1.3～

1.5 倍，深度以 0.7m 为宜。挖出的沙石堆积在温室后墙外侧备做保温层，最后整平栽培面。

2. 墙体建造

图 1 为戈壁混凝土墙体日光温室墙体建造侧视图。

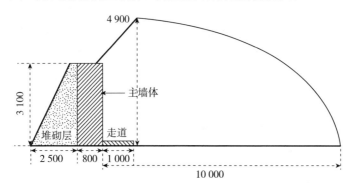

图 1　戈壁混凝土墙体日光温室侧视图（单位：mm）

（1）**后墙**　戈壁混凝土墙体日光温室后墙底宽 80cm，顶宽 60cm，高度 3.1m，用机械将后墙基础压实，用标号 C30 的混凝土先浇筑宽 1.8m、厚度 20cm 墙基及走道，支好模具后一次性浇筑混凝土墙体。

（2）**山墙**　戈壁混凝土墙体日光温室山墙宽度不少于 1.2m，脊高 4.9m，与后墙体同时浇筑混凝土。

（3）**山墙预埋件**　在两侧山墙高 2.2m 处均等预埋 5 个钢环，用以拉接吊蔓铁丝。在距山墙内沿 0.3m 处预制与钢屋架弧面长度一致的压膜槽，在山墙外留宽 30cm、高 30cm、长 50cm 的踏步台。山墙高度与钢屋架弧面保持一致。

（4）**前底脚圈梁**　前屋面底脚用标号 C30 的混凝土浇筑 30cm（宽）×30cm（厚）圈梁，上面内沿与后墙钢屋架预制件垂直对应处埋设 ϕ12mm 钢筋，长 15cm，外留 5cm，均匀分布，用于固定钢屋架底横梁。

（5）**后墙预埋件**　后墙顶部距前沿 20cm 处每隔 1m 埋压三根 ϕ12mm 钢筋，用于固定钢屋架上横梁。

（6）**后墙堆砌层**　将挖出的沙石堆砌在后墙外侧，分两部分施工，第 1 部分随墙体建设同步施工，底部宽度 2.5m，顶部宽度 1.2m，为一级堆砌层。第 2 部分待安装好钢架及后屋面，用小型机械或人工作业堆积完成，保持顶宽 0.6m。

3. 钢屋架

采用装配式扁平热镀锌管材钢屋架；将钢管以数控机床压制成 80mm×30mm×16mm 钢架，逐根组合，按 0.9m 间距安装在上、下横梁对应位置，调整一致，并用横拉杆连接固定。

图 2、图 3 为戈壁混凝土墙体日光温室钢架结构图及示意图。

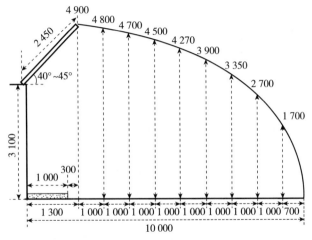

图 2　戈壁混凝土墙体日光温室钢架结构图（单位：mm）

4. 温室搭建

（1）安装钢屋架　先将上、下钢屋架横梁焊接固定在预设钢筋上，然后两端以 0.9m 间距依次将单个钢屋架安装在上、下横梁固定位置。

（2）焊接后屋面平铁　在温室后屋面钢架上，沿东西方向焊接 3 道宽 5cm、厚 5mm 的平铁，两头固定在山墙预埋件上。

（3）固定拉杆　拉杆材料为 ϕ2cm 的热镀锌钢管，共 10 道，其中后屋面等距离设置 3 道，前屋面等距离设置 7 道，将温室棚架连接成一个整体。

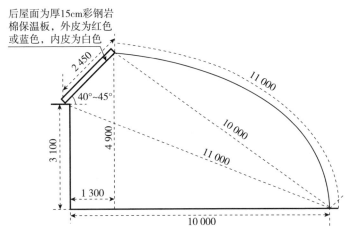

图3　戈壁混凝土墙体日光温室钢架示意图（单位：mm）

（4）后屋面保温层　用厚 10～15cm 加筋岩棉板覆盖作保温层。

（三）配套设施

图 4 为戈壁混凝土墙体日光温室平面图。

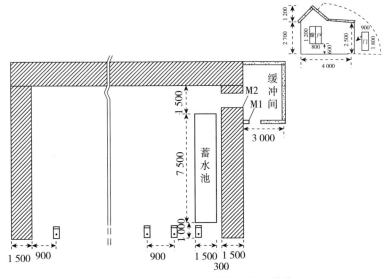

图 4　戈壁混凝土墙体日光温室平面图（单位：mm）

1. 蓄水池

建在靠近水源山墙内侧，做成半地下式，长 7.5m、宽 1.5m、深 1.5m（外露地面 0.5m），池底厚 0.3m，中间加隔墙，做好防渗漏处理。

2. 保温帘

保温帘选用无纺布、保温棉等材料缝制，要求每平方米重量达到 3kg。每个保温帘长 14m，宽 2m，与后屋面部分整体覆盖。设温室长度 80m，跨度 10m，配备保温帘 43 张。

安装保温帘时，上端固定在后屋面螺杆上，用 5cm 宽扁铁压实，用螺母固定，保温帘之间重叠 10cm，用压膜线等材料穿成整体，保温帘下端固定在卷帘钢管上，用卷帘机卷放。

3. 覆膜

前屋面顶部留宽 2m 的通风口，采用双幅上膜法，大幅膜宽 9.5m，上边固定于通风口前沿压膜槽内，东西两边固定于山墙压膜槽内，下边固定于距离前底脚 50cm 的压膜槽内，并在前端设置一道与上边膜（大幅膜）部分重合的裙膜。

4. 缓冲间

缓冲间建于温室出入门的外侧，门向南开，长 4m，宽 3m，墙高 2.7m，缓冲间门高 1.8m、宽 0.9m，建 1m 见方的钢窗 1 个。温室出入门应设置在山墙上，宽 1.2m、高 1.8m，与温室内走道相通。缓冲间顶部用彩钢板搭建。

二、石砌墙体日光温室建造技术

这类日光温室就地取材，以块石构成墙体，充分利用了当地资源，安全性能好，使用年限长，但建造速度相对较慢。

（一）结构参数

同混凝土墙体日光温室建造。

（二）建造技术

1. 基础工作

（1）场地选择 选择向阳避风，地势平坦，交通便利，不受洪涝影响，便于施工，易于配套水电等基础设施，地下水位低，不破坏当地生态环境的戈壁地带。

（2）场地平整　施工前对场地进行平整，确定地面水平线。

（3）温室间距　前后间距宜为14m，东西间距随整体规划而定。

（4）规划放线　确定好园区主干道分布和区域布局后，再根据温室方位角确定好温室后墙线和山墙线，同时确定好开挖线，便于机械作业施工。

（5）场地开挖　用挖掘机开挖，宽度为温室设计跨度的1.3～1.5倍，深度以0.7m为宜。挖出的沙石堆积在前一座温室后墙外侧备做保温层，最后整平栽培面。

2. 墙体修建

（1）温室结构　见戈壁石砌墙体日光温室侧视图（图5）。

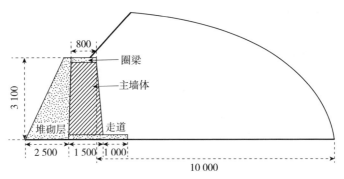

图5　戈壁石砌墙体日光温室侧视图（单位：mm）

（2）后墙　底部宽度1.5m，顶部宽度0.8m，主墙高度3.1m。用机械将后墙基础压实，再砌墙体，底部尽量用大一点的块石，每砌一层，都要用砂浆灌实缝隙，用石块砌墙体2m高时，沿东西方向打一道圈梁，高度为20cm，内置直径12mm钢筋2根。

（3）山墙　采用挖出的块石砌建，底层宽度不少于2m，顶层宽度不少于1m，高度4.9m，内外侧分别用水泥进行勾缝。

（4）山墙预埋件　分别在距后墙内侧0.8m及高2.2m处、距后墙内侧3.2m及高1.8m处、距后墙内侧5.6m及高1.4m处的两侧山墙上对应位置预埋3个钢环。在距山墙内沿0.3m处预制与钢屋架弧面长度一致的压膜槽，在山墙外留宽0.5m、高0.3m、长0.3m的踏步台。山墙顶抹5cm厚混凝土封顶，使其高度与钢屋架弧面保持一致。

（5）前底脚圈梁　前屋面底脚用混凝土砼制30cm×30cm圈梁，上面内沿与后墙钢屋架预制件垂直对应处埋设ϕ12mm钢筋，长15cm，外留5cm，距中心3cm均匀分布，用于固定钢屋架底横梁。

（6）后墙预埋件　后墙圈梁每隔1m埋压三根直径12mm钢筋，与圈梁内侧钢筋相连，距圈梁前沿20cm。

（7）后墙堆砌层　将挖出的沙石堆砌在后墙外侧，分两部分施工，第一部分随墙体建设同步施工，底部宽度2.5m，顶部宽度1.2m，为一级堆砌层，分2～3次堆积完成。第二部分待安装好钢架及后屋面，用小型机械或人工作业堆积完成，保持顶宽60cm。

3. 钢屋架

采用装配式扁平热镀锌管材钢屋架。

（1）钢架结构　钢架结构与混凝土墙体钢架一致。

（2）钢屋架安装说明　将钢管以数控机床压制成80mm×30mm×16mm钢架，逐根组合，按0.9m间距安装在上、下横梁对应位置，调整一致，并用横拉杆连接固定。

4. 温室搭建

（1）安装钢屋架　先将上、下钢屋架横梁固定在圈梁上，然后两端以0.9m间距依次将单个钢屋架安装在上、下横梁固定位置。

（2）焊接后屋面平铁　在温室后屋面钢架上，沿东西方向焊接3道宽5cm，厚5mm的平铁，两头固定在山墙预埋件上。

（3）固定拉杆　拉杆材料为直径2cm的热镀锌钢管，共10道，其中后屋面等距离设置3道，前屋面等距离设置7道，将温室棚架连接成一个整体。

（4）后屋面保温层　后屋面用厚度15～20cm彩钢保温苯板覆盖作保温层。

（三）配套设施

图6为戈壁石砌墙体日光温室平面图。

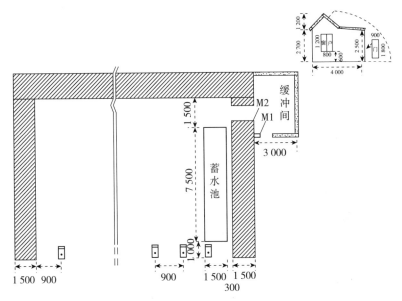

图 6　戈壁石砌墙体日光温室平面图（单位：mm）

1. 蓄水池

建于靠近水源山墙内侧，做成半地下式，长 7.5m、宽 1.5m、深 1.5m 左右（外露地面 0.5m），池底厚 0.3m，中间加隔墙，粉刷要细致，防止渗漏。

2. 保温帘

保温帘选用无纺布、保温棉等材料缝制，一般长 14m，宽 2m，厚 4～5cm，与后屋面部分连为一体进行覆盖。

3. 覆膜

前屋面顶部留宽度 2m 的通风口，采用双幅上膜法，大幅膜宽 9.5m，上边固定于通风口前沿压膜槽内，东西两边固定于山墙压膜槽内，下边固定于距离前底脚 50cm 的压膜槽内，并在前端设置一道与大幅膜部分重合的裙膜。

4. 缓冲间

建于山墙一侧，门向南开，长 4m，宽 3m，墙高 2.7m，缓冲间门高 1.8m、宽 0.9m，建 1m 见方的钢窗 1 个。缓冲间顶部用彩钢板搭建，彩钢"人"字形脊高 3.9m。

三、法兰墙体日光温室建造技术

法兰墙体日光温室建造技术是戈壁日光温室建造的一项创新技术，建造时以钢结构法兰框架组成主墙体，框架空间填充挖出的沙石，具有结构简单，易于建造的特点。

（一）结构参数

同混凝土墙体日光温室建造。

（二）建造技术

1. 基础工作

场地选择、场地平整、温室间距、规划放线、场地开挖等同石砌墙体日光温室建造。

2. 墙体建造

（1）温室结构　见戈壁法兰墙体日光温室侧视图（图 7）。

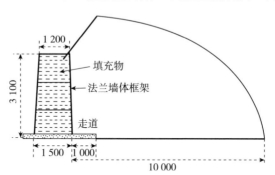

图 7　戈壁法兰墙体日光温室侧视图（单位：mm）

（2）后墙　用机械将后墙地基压实，浇筑 2.5m（宽）×20cm（厚）混凝土基础（含温室内宽 1m 的走道），在混凝土基础主墙位置等距离预设槽钢构件，组装底宽 1.5m、顶宽 1.2m、高 3.1m 的法兰框架墙体，也可将法兰框架墙体底部与混凝土基础浇筑在一起。法兰框架内面焊接高强度密眼钢丝网，衬防老化无纺布，中空部分填入挖出的沙石。法兰框架顶端距前沿 20cm 位置焊接一道方钢辅助梁，用以焊接固定钢架横梁。

（3）山墙　在混凝土基础上焊接安装法兰山墙框架，形成一个整体，底宽 1.5m、顶宽 1.2m，形状与钢架弧面一致，中空部分填充挖出的沙石。

（4）山墙预埋件　分别在距后墙内侧 0.8m 及高 2.2m 处、距后墙内侧 3.2m 及高 1.8m 处、距后墙内侧 5.6m 及高 1.4m 处的两侧山墙上对应位置预埋 3 个钢环。在距山墙内沿 0.3m 处预制与钢屋架弧面长度一致的压膜槽，在山墙外边留宽 0.5m、高 0.3m、长 0.3m 的踏步台。山墙顶抹 5cm 厚混凝土封顶，高度与钢屋架弧面保持一致。

（5）前底脚圈梁　前屋面底脚用混凝土砼制 30cm×30cm 圈梁，上面内沿与后墙钢屋架预制件垂直对应处埋设 ϕ12mm 钢筋，长 15cm，外留 5cm，距中心 3cm 均匀分布，用于固定钢屋架底横梁。

（6）后墙堆砌层　将挖出的沙石堆砌在后墙外侧，底部宽 2.5m，顶部宽 1.2m。

3. 钢屋架

采用装配式扁平热镀锌管材钢屋架。

钢架结构及钢屋架安装说明参见石砌墙日光温室建造部分相关内容。

将钢管以数控机床压制成 80mm×30mm×16mm 钢架，逐根组合，按 0.9m 间距安装在上、下横梁对应位置，调整一致，并用横拉杆连接固定。

4. 温室搭建

（1）安装钢屋架　先将上、下钢屋架横梁固定在圈梁上，然后两端以 0.9m 间距依次将单个钢屋架安装在上、下横梁固定位置。

（2）焊接后屋面平铁　在温室后屋面钢架上，沿东西方向焊接 3 道宽 5cm、厚 5mm 的平铁，以备安装彩钢板后屋面。

（3）固定拉杆　拉杆材料为直径 2cm 的热镀锌钢管，共 10 道，其中后屋面等距离设置 3 道，前屋面等距离设置 7 道，将温室棚架连接成一个整体。

（4）后屋面保温层　后屋面用厚度 15cm 彩钢保温苯板覆盖作保温层。

（三）配套设施

戈壁法兰墙体日光温室配套设施（图8）如蓄水池、保温帘、覆膜、缓冲间等建造规程参见戈壁石砌墙体日光温室建造相关部分内容。

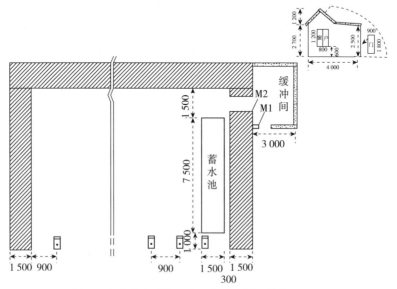

图 8　戈壁法兰墙体日光温室平面图（单位：mm）

四、组装型墙体日光温室建造技术

组装型墙体日光温室建造技术是戈壁日光温室建造的又一项创新和突破技术，主要特点是墙体支撑部分以组合式钢结构为主，减少了墙体建造的烦琐工序，大大降低了建造成本，提高了建造速度。

（一）结构参数

参见混凝土墙体日光温室建造部分相关内容。

（二）建造技术

1. 基础工作

场地选择、场地平整、温室间距、规划放线及场地开挖等同石砌墙体日光温室建造。

2. 墙体建造

（1）温室结构　见戈壁组装型日光温室侧视图（图9）。

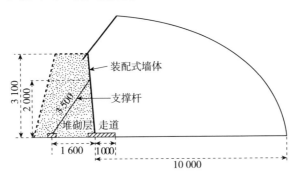

图9　戈壁组装型日光温室侧视图（单位：mm）

（2）后墙　开挖后墙地基，浇筑1.2m（宽）×20cm（厚）混凝土基础，在混凝土基础距后沿20cm位置等距离预设槽钢构件，组装热镀锌扁平钢管立柱式组合墙体，立柱支架高2.9m，牢固焊接在预埋的槽钢构件上，每个组合体长度6m，由间隔60cm的钢管立柱与上下两道10cm×10cm的槽钢横梁焊接而成，所有组合体连接成一个整体。每隔3个立杆在离地面2m处组装扁平热镀锌钢管斜拉支撑杆，后端固定于距离立杆1.6m处的混凝土预埋件上，立柱结构墙体内面焊接30cm×30cm网状钢筋护网，再焊接高强度密眼钢丝网，衬防老化无纺布，后部堆砌挖出的沙石。钢屋架横梁焊接固定在立柱墙体顶部槽钢横梁上。

（3）山墙　在混凝土基础上焊接梯形状山墙框架，底宽1.5m、顶宽1.2m，形状与钢架弧面一致，内面焊接钢筋网及高强度密眼钢丝网，衬防老化无纺布，中空部分填充挖出的沙石。

（4）山墙预埋件　分别在距后墙内侧0.8m及高2.2m处、距后墙内侧3.2m及高1.8m处、距后墙内侧5.6m及高1.4m处的两侧山墙上对应位置预埋3个钢环。在距山墙内沿0.3m处预制与钢屋架弧面长度一致的压膜槽，在山墙外边留宽0.5m、高0.3m、长0.3m的踏步台。山墙顶抹 5cm 厚混凝土封顶，高度与钢屋架弧面保持一致。

（5）前底脚圈梁　前屋面底脚用混凝土砼制 30cm×30cm 圈梁，上面内沿与后墙钢屋架预制件垂直对应处埋设 ϕ12mm 钢筋，长 15cm，外留 5cm，距中心 3cm 均匀分布，用于固定钢屋架底横梁。

3. 钢屋架

采用装配式扁平热镀锌管材钢屋架。

钢架结构及钢屋架安装说明参见石砌日光温室建造部分相关内容。

4. 温室搭建

安装钢屋架、焊接后屋面平铁、固定拉杆及覆盖后屋面保温层等参见戈壁法兰墙体日光温室建造部分相关内容。

（三）配套设施

戈壁组装型日光温室配套设施（图 10）如蓄水池、保温帘、覆膜及缓冲间等建造规程参见戈壁石砌墙体日光温室建造相关部分内容。

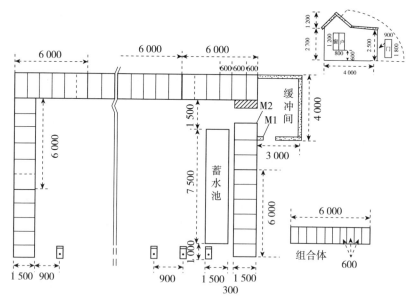

图 10　戈壁组装型日光温室平面图（单位：mm）

第三章

有机基质发酵与配制

一、发酵前准备

1. 原料准备

农作物秸秆、菇渣（平菇、香菇废料）、牛羊粪、炉渣、河沙、微生物腐熟菌剂等原料在使用前 60d 准备好。

2. 场地准备

发酵场地选择距离居住房屋 500m 以外的地方。农户发酵，选择开阔、地面平整、无浮土、水源方便的场地，面积根据基质原料发酵数量确定；工厂化发酵，选择水电方便、地面硬化、四周有围栏的场地，面积≥5 000m²。

3. 机械准备

按场地大小提前备好铡草机、旋耕机、粉碎机、装载机、翻抛机等。

4. 物料准备

选择晴朗无风天气，清理发酵场地，将结块（直径≥5cm）的发酵腐熟的农作物秸秆、牛羊粪、菇渣用普通粉碎机或农用拖拉机碾压粉碎，粒径≤2cm；将河沙直接过筛（筛孔 2～4mm），炉渣用农用拖拉机碾压后过筛（筛孔 3～5mm）。

二、发酵方法

1. 农户发酵

原料发酵时，要在场地上铺一层棚膜，避免与地面接触，并将基质原料分开发酵。

（1）农作物秸秆发酵　选择晴朗无风天气，将农作物秸秆用铡草机切成长度 2～5cm，加入 60% 水均匀浸湿后，再加入过磷酸钙、微生物腐熟菌剂各 $3kg/m^3$，充分混合均匀，堆成底宽 3m、顶宽 2m、高 1.5m 的等腰梯形堆，用棚膜（厚度 0.06～0.1mm）完全覆盖堆体，进行高温发酵。将 DTM-411 数字温度计插入距离堆体顶端 30cm 处检测堆体温度，当堆体温度达到 45～50℃时开始第 1 次翻堆，当堆体温度达到 60～65℃时开始第 2 次翻堆，以后每 10d 翻堆 1 次。翻堆时上下、里外翻倒均匀，并及时补充水分，使堆体含水量保持在 60%～65%。当堆体温度接近环境温度、产生白色菌丝、颜色变成黄褐色、有清香味时，表明发酵已完成。

（2）菇渣发酵　选择晴朗无风天气，将种植后的平菇、香菇废菌棒用机械碾压碎，粒径≤2cm，捡拾净包装塑料袋，加入 60% 水均匀浸湿后，再加入微生物腐熟菌 $3kg/m^3$，充分混合均匀，堆成底直径 4m、高 1.5m 的半球形堆，用棚膜（厚度 0.06～0.1mm）完全覆盖堆体，进行高温发酵。将 DTM-411 数字温度计插入距离堆体顶端 40cm 处检测堆体温度，当堆体温度达到 45～50℃时开始第 1 次翻堆，当堆体温度达到 60～65℃时开始第 2 次翻堆，以后每 10d 翻堆 1 次。翻堆时上下、里外翻倒均匀，并及时补充水分，使堆体含水量保持在 60%～65%。当堆体温度接近环境温度、产生白色菌丝、颜色变成深褐色或黑褐色、有轻微菌香味时，表明发酵已完成。

（3）牛羊粪发酵　选择晴朗无风天气，将拉回的新鲜牛羊粪均匀摊开，厚度 15～20cm，进行晾晒，使含水量降至 60%～65%；如拉回的是干牛羊粪，则用机械碾压碎，粒径≤2cm，并加水使含水量保持在 60%，再加入微生物腐熟菌剂 $3kg/m^3$，充分混合均匀，堆成底宽 3m、顶宽 2m、高 1.5m 的等腰梯形堆，用棚膜（厚度 0.06～0.1mm）完全覆盖堆体，进行高温发酵。将 DTM-411 数字温度计插入距离堆体顶端 30cm 处检测堆体温度，当堆体温度达到 45～50℃时开始第 1 次翻堆，当堆体温度达到 60～65℃时开始第 2 次翻堆，以后每 10d 翻堆 1 次。翻堆时上下、里外翻倒均匀，并及时补充水分，使堆体含水量保持在 60％～65％。当堆体温度接近环境温度、产生白色菌丝、颜色变成褐色、无臭味时，表明发酵已完成。

2. 工厂化发酵

（1）原料准备　将农作物秸秆摊开，平铺厚度约 10cm，用旋耕机切成长度 2～5cm。将干牛羊粪用机械碾压碎，粒径≤2cm。

（2）混合发酵　用装载机将农作物秸秆、牛羊粪按体积比 8∶2 掺混，加入 60％水均匀浸湿后，再加入过磷酸钙、微生物腐熟菌剂各 3kg/m³，充分混合均匀，堆成底宽 3m、顶宽 2m、高 1.5m 的等腰梯形堆，用棚膜（厚度 0.06～0.1mm）完全覆盖堆体，进行高温发酵。将 DTM-411 数字温度计插入距离堆体顶端 30cm 处检测堆体温度，当堆体温度达到 45～50℃时开始第 1 次翻堆，当堆体温度达到 60～65℃时开始第 2 次翻堆，以后每 10d 翻堆 1 次。翻堆时上下、里外翻倒均匀，并及时补充水分，使堆体含水量保持在 60％～65％。当堆体温度接近环境温度、产生白色菌丝、颜色变成黄褐色、无臭味时，表明发酵已完成。

（3）菇渣发酵　工艺流程及要求、质量标准同农户发酵。

三、基质配制

1. 基质比例

有机物料与无机物料的体积配比为 7∶3。有机物料中，农作物秸秆、菇渣、牛羊粪体积比例为 6∶2∶2；无机物料中，炉渣、河沙体积比例为 7∶3。

2. 基质混合

按照基质配方比例，将各物料堆放在一起，上下、里外翻倒，充分混合均匀，堆置成底宽 4m、顶宽 3m、高 1.5m 的等腰梯形堆，堆闷 10～15d。当基质堆体 pH 为 7.5～8.0、EC 值为 1～3mS/cm、含水量＜35％时，用 40～50L 塑料编织袋装料，贮存于阴凉干燥处备用。运输过程中应防潮、防晒。

第四章

有机基质栽培关键技术

一、穴盘育苗技术

（一）瓜果类蔬菜品种选择

选择优质、抗病、高产、耐寒、耐低温弱光、商品性好、在不良环境条件下容易坐果、果形整齐美观、抗病性好、适合目标市场需求的品种。

（二）种子处理

1. 种子消毒处理

常用的方法有日光晒种法、温汤浸种法和种子干热处理法等。

（1）日光晒种法　为了提高种子发芽率和发芽势，播种前应将种子置于阳光下晾晒 2～3d，晾晒时应薄铺勤翻，防止中午强光暴晒造成种皮破裂或种子失水过快。晾晒后，将种子摊开散热降温，再装入袋子备用。

（2）温汤浸种法　用 50～55℃温水浸种，不断搅拌并持续加入热水以保温 10min，温度降至 30℃以下停止搅拌，再浸泡至种子充分吸水，可杀灭种子表面的病菌。

（3）种子干热处理法　将干燥的种子在干燥箱缓慢升温至 25～35℃，保温 1～3d，然后缓慢升温至 70℃，保温 2～3d，最后缓慢降温至 22～32℃，保温 5～10h，可将种子上附着的病毒进行钝化，使其失去活力，可预防病毒、细菌、真菌等病害，特别适合于较耐热的瓜类和茄果类蔬菜种子处理。

2. 浸种催芽

（1）浸种　把种子泡在 25～30℃ 清水中，水量以水层浸过种子 2～3cm 为宜，使其吸足水分，同时洗净附着在种皮上的黏质，以利种子吸水和呼吸。

（2）催芽　将浸种后的种子，置于适宜的温度条件下，促使种子迅速整齐发芽。蔬菜种子催芽温度和时间见表 1。

表 1　蔬菜种子催芽温度和时间表

蔬菜种类	最适温度 (℃)	前期温度 (℃)	后期温度 (℃)	需要天数 (d)	控芽温度 (℃)
番茄	24～25	25～30	22～24	2～3	5
辣椒	25～28	30～35	25～30	3～5	5
茄子	25～30	30～32	25～28	4～6	5
西葫芦	25～36	26～27	20～25	2～3	5
黄瓜	25～28	27～28	20～25	2～3	8
甘蓝	20～22	20～22	15～20	2～3	3
芹菜	18～20	15～20	13～18	5～8	3
莴笋	20	20～25	18～20	2～3	3
花椰菜	20	20～25	18～20	2	3
韭菜	20	20～25	18～20	3～4	4
洋葱	20	20～25	18～20	3	4

（三）基质配制

（1）草炭：蛭石＝3：1 或 2：1。

（2）草炭：蛭石：珍珠岩＝2：1：1。

（3）草炭：椰糠：蛭石＝3：1：2。

（4）椰糠：蛭石＝2：1。

（5）草炭：菇渣：蛭石＝1：1：1。

各地可根据当地资源就地取材。在配制基质时可根据不同的基质配比和不同的蔬菜种类掺入适量的肥料。

（四）穴盘选择与消毒

1. 穴盘选择

黄瓜、西瓜、甜瓜、西葫芦等瓜类蔬菜宜选用 50 孔穴盘进行育苗；番茄、茄子、辣椒宜选用 72 孔穴盘进行育苗；甘蓝、花椰菜、白菜、西芹、生菜等宜选用 128 孔穴盘进行育苗。

2. 穴盘和基质消毒

用清水冲洗干净穴盘，然后对穴盘和基质进行高温暴晒和药剂消毒。穴盘可用高锰酸钾 1 000 倍液浸泡 30min 后，取出晾干即可；基质用石灰氮颗粒剂 $1kg/m^3$ 充分掺匀后堆闷 7～10d，揭膜通风摊匀晾晒 7d 以上才可使用。

（五）育苗流程

（1）装盘　先将育苗基质预湿，使其含水量至 35%～40%，然后进行装盘，将基质装入穴盘后用刮板从穴盘的一方刮向另一方，使每个孔穴中都装满基质，并保持基质疏松透气。

（2）压穴　将装好基质的穴盘一个个摆放起来，每 10 个一摞，最上面放一空盘，两手平放在盘上均匀下压至要求深度为止。

（3）播种　将种子点播在压好穴的盘中，或用播种机播种，每穴 1 粒，避免漏播。播种深度，大粒种子 1.5～2cm，中粒种子 1～1.5cm，小粒种子 0.5～0.8cm。

（4）覆盖　用混合好的基质覆盖穴盘，用刮板刮去多余的基质，覆盖基质不要过厚，与格室相平为宜。

（5）洒水　播种覆盖后及时浇透水，以穴盘底部的渗水口看到水滴为宜。低温期穴盘表面覆盖地膜保温保湿，高温期育苗温室盖遮阳网遮光防晒。

（六）苗期管理

1. 温度管理

苗期采用变温管理模式，一是随着幼苗生长发育进程实行变温，即种子萌发阶段温度较高，出苗后温度降低，真叶出现后温度再适当升高，移栽前 1 周炼苗时再降低温度；二是随日周期实行变温，一般是白天温度高，夜间温度低，有利于促进光合作用，降低呼吸消耗，利于同化产物的运输。夜温控制时，上半夜温度高于下半夜温度。苗期温度管理指标见表2。

表2　苗期温度管理指标

蔬菜种类	白天温度（℃）	夜间温度（℃）
茄子	25～28	18～21
辣（甜）椒	25～28	18～21
番茄	20～23	15～18
黄瓜	25～28	15～16
甘蓝	18～22	12～16
白菜	18～22	12～16
西瓜、甜瓜	25～28	18～20
生菜	15～18	12～16
芹菜	18～24	15～18
西葫芦	20～23	15～18

2. 水分管理

水分因素由基质湿度和空气湿度构成，一般育苗温室白天空气相对湿度以60％～80％为宜。基质浇水最好在晴天上午进行，一次性浇透水，下午不缺不浇水。不同生育阶段基质适宜水分含量见表3。

表3　不同生育阶段基质水分含量（相当最大持水量的％）

蔬菜种类	播种至出苗	子叶展开至2叶1心	3叶1心至成苗
茄子	85～90	70～75	65～70
辣椒	85～90	70～75	65～70
番茄	75～85	65～70	60～65
黄瓜	85～90	75～80	70～75
芹菜	85～90	75～80	70～75
生菜	85～90	75～80	70～75
甘蓝	75～85	70～75	55～60

3. 营养施肥管理

幼苗期一般不施肥，但应及时观察，如果幼苗叶色淡缺肥，可叶面喷洒 0.3% 磷酸二氢钾或 0.3% 硫酸钾等溶液。

4. 成苗标准及炼苗

炼苗的措施主要是降温控水。定植前 1 周逐渐加大育苗设施的通风量，降温排湿，控制浇水，使育苗温室与栽培温室的环境条件相近，利于缓苗和成活。各类蔬菜穴盘苗标准苗龄及炼苗温度、时间见表 4、表 5。

表 4   各类蔬菜成苗标准及苗龄

蔬菜种类	苗龄（d）	成苗标准
黄瓜	20～25	3 叶 1 心
早春辣椒	55～60	7～8 叶
夏辣椒	55～60	6～7 叶
茄子	55～60	5～6 叶
番茄	25～30	4 叶 1 心
早春西葫芦	25～30	3 叶 1 心
秋延西葫芦	20～25	3 叶 1 心
甜瓜	25～30	3 叶 1 心
西瓜	25～30	3 叶 1 心
结球甘蓝	25～30	4～5 片叶
花菜	25～30	4～5 片叶
抱子甘蓝	25～30	4～5 片叶
大白菜	15～20	3～4 片叶
西芹	50～55	5～6 片叶
生菜	35～40	4～5 片叶

表 5   蔬菜穴盘苗炼苗温度与时间

蔬菜种类	白天温度（℃）	夜间温度（℃）	炼苗时间（d）
辣椒	15～18	8～10	7

（续）

蔬菜种类	白天温度（℃）	夜间温度（℃）	炼苗时间（d）
茄子	18～21	8～10	7
番茄	15～18	5～8	7
黄瓜	18～21	6～8	7
生菜	7～13	2～5	7～10
甘蓝类	7～13	2～5	7～10

（七）嫁接育苗技术

1. 砧木和接穗选择

蔬菜嫁接育苗可显著提高植株抗病、抗逆性，改善果实品质，提高产量。目前，嫁接育苗技术已在番茄、茄子、黄瓜、西瓜、甜瓜等蔬菜作物上广泛应用。选用砧木时，不仅要选择抗病性强的品种，也要注意砧木和接穗的亲和力。由于土壤病原菌容易产生新的变异，需要酌情筛选更替新的砧木。

主要品种砧木和接穗推荐见表6。

表6 主要品种砧木和接穗推荐

种类	砧木	接穗
茄子	赤茄、CRP、托鲁巴姆	紫阳长茄、二苠茄等
黄瓜	黑籽南瓜、白籽南瓜	利园98-1、摇钱树、玉皇鼎、津优30
西瓜	黑籽南瓜、白籽南瓜	抗裂京欣、强势一代、庆红宝、金钟冠龙
番茄	LS-89、野生番茄	多特蒙德、荷兰218、欧盾、欧帝

2. 嫁接方法

（1）**劈接法** 一般劈接法用于茄果类蔬菜嫁接，当砧木苗长到7～8片叶，接穗苗长到4～6片叶，茎粗3～5mm时进行嫁接。接穗从第3片真叶下削成楔形，切口长1cm左右，砧木苗在距地面5～6cm处从茎断面的中央向下劈一刀，深度1.5cm左右，把接穗苗的茎切面与砧木苗的切口对齐、对正后插入，然后用嫁接夹固定。

（2）靠接法　一般用于瓜类蔬菜嫁接，即将接穗带根与砧木苗在瓜苗的中上部斜切出切口后吻合在一起（图11）。一般黄瓜播种5～7d后，再播种砧木南瓜，黄瓜播后10～12d，就可以进行嫁接。

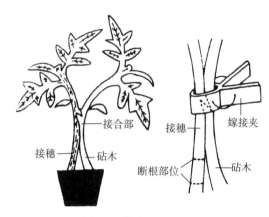

图 11　靠接法示意图

（3）插接法　一般用于瓜类蔬菜嫁接，即将接穗下胚轴（子叶以下 1.5～2.0cm）削成楔形，然后斜插进砧木顶端生长点处（图12）。一般砧木南瓜提前 2～3d 或同期播种，黄瓜播种 7～8d后，就可以进行嫁接。

图 12　插接法示意图

3. 嫁接后的管理

加强愈合期管理是关键，能促进接口快速愈合，切口愈合后转入正常管理，并及时摘除砧木萌芽，瓜类及时给接穗断根。具体温度、湿度、光照管理见表7。

表7 嫁接愈合期管理参数

种类	愈合期 (d)	温度（℃）		空气湿度	光照	通风
		昼温	夜温			
茄子嫁接	9～10	20～25	15～20	95%以上	前3d遮光，后逐渐增加光照	前2～3d不通风，后逐渐通风
黄瓜嫁接	3～5	25～30	18～20			
西瓜嫁接	3～4	26～28	20～22			
番茄嫁接	4～5	26～28	18～20			

（八）病害综合防治

蔬菜苗期易感病害有猝倒病、立枯病等。

1. 防治原则

按照"预防为主，综合防治"的植保方针，坚持"农业防治、物理防治、生物防治为主，化学防治为辅"的原则。化学防治使用农药应符合 NY/T 393—2013 的要求。

2. 防治方法

（1）物理防治 通风口增设防虫网，以 40 目防虫网为宜。

（2）悬挂诱虫粘板 棚内悬挂黄色诱虫粘板诱杀白粉虱、蚜虫、美洲斑潜蝇等对黄色有趋性的害虫，每亩*挂 30～40 块；悬挂蓝色诱虫粘板诱杀蓟马等对蓝色有趋性的害虫，每亩挂 15～20 块，一般黄蓝板搭配使用。

（3）化学防治 严格执行国家关于农药使用的有关规定，严格控制用药量和安全间隔期，不得随意加大用药量。猝倒病、立枯病发病初期可用 68%精甲霜灵·锰锌水分散粒剂 500 倍液喷雾 2～3 次，7～10d 一次；用 72.2%霜霉威水剂 800 倍液喷雾 1～2 次，7～10d 一次；或用 30%噁霉灵可湿性粉剂 800～1 000 倍液喷雾

---

* 亩为非法定计量单位，15 亩＝1 公顷。

1～2次，7～10d 1次。

二、番茄栽培关键环节与技术

(一)品种选择

选择抗病、优质、高产、耐贮运、商品性好、适合市场需求的品种。

(二)定植前准备

1. 栽培槽

挖半地下式栽培槽：在地面开 U 形槽，用挖出的块石砌槽边，槽内径 60cm，槽深 30～35cm，槽长根据要求而定，槽底部填 3～5cm 厚瓜子石，上铺一层厚 0.12mm 的棚膜，槽间走道宽 80cm。

2. 栽培基质

将基质装满栽培槽，保持基质料表面平整，定植前 1 周，利用滴灌带灌水浇透基质，再用 1‰高锰酸钾溶液喷洒架材、墙壁及栽培基质进行消毒，不得使用禁用物质和方法处理基质。

3. 棚室消毒

土壤消毒，结合土壤耕翻亩施 4%疫病灵 5kg，可有效防治多种病害。定植前 10d，亩用硫黄粉 1.5～2.5kg、敌敌畏 250mL，与锯末混匀后点燃，密闭 24h 熏蒸消毒，可杀死多种病菌和害虫。利用太阳光高温闷棚 1 周，闷棚前浇水，可杀死多数病菌虫卵。

(三)定植

采用单行密植模式定植，定植行距 1.4m，株距 20cm，合理密度为 2 380 株/亩。

(四)定植后田间管理

1. 温度管理

缓苗前白天保持室温 28～30℃，夜间 17～20℃，地温不低于 20℃；缓苗后，适当降低室温，白天保持 22～26℃，夜间 15～18℃。

日常室内温度，白天保持 20～30℃，夜间 13～15℃，最低夜温不低于 8℃。晴天，午间温度达 30℃时，可开天窗放风。若达不到 30℃，可不放风。若天气晴好，室内湿度较大时，可于揭苫后随即放风 10～20min。

2 月中旬以后，随日照时数逐渐增加，适当早揭帘、晚盖帘。

2. 水肥管理

根据目标产量和植株长势合理水肥管理，定植至第 1 穗花开花期间不宜频繁灌水追肥，第 1 穗花开花后至拉秧期间，每 7～10d 滴灌追肥 1 次。全生育期氮：磷：钾施用比例宜为 1：0.5：1.5，70% 以上的磷肥作基肥条（穴）施，其余随复合肥追施；20%～30% 氮、钾肥基施，70%～80% 于花后至果穗膨大期间分 4～8 次随水追施，每次每亩追施氮肥（N）不超过 5kg。以目标亩产量 8 000～10 000kg 为例，推荐亩施氮肥（N）20～25kg，磷肥（P_2O_5）8～12kg，钾肥（K_2O）25～30kg。

3. 植株调整

单干整枝，及时抹杈、绑秧。

4. 保花保果

日光温室番茄在低温期容易出现落花落果或畸形果，开花前后可用振动棒或植物生长调节剂处理。建议 2,4-D 使用浓度为 30～40mg/L，用毛笔涂在花蔓和花柄上，不要碰到枝叶上。有条件的地区可采用熊蜂授粉。防落素使用浓度一般为 40～50mg/L，用手套隔住枝叶，用微型喷雾器喷花。

5. 及时采收

果实达商品成熟时，在严格按照农药安全间隔期前提下，及时采收。

6. 清洁田园

及时将败叶杂草清理干净，集中进行无害化处理，保持田间清洁。

三、辣椒栽培关键环节与技术

（一）品种选择

选择早熟、抗病、优质、高产、连续坐果能力强、耐寒性和耐热性较强、耐贮运、商品性好、适合市场需求的品种。

（二）定植前准备

1. 茬口选择

辣椒忌连作，前茬以瓜类、豆类等非茄果类作物为好。

2. 栽培槽

挖半地下式栽培槽：在地面开 U 形槽，用挖出的块石砌槽边，槽内径 60cm，槽深 30～35cm，槽长 8m，槽底部填 3～5cm 厚瓜子石，上铺一层厚 0.12mm 的棚膜，槽间走道宽 80cm。

3. 栽培基质

将基质装满栽培槽，保持基质料表面平整，定植前 1 周，利用滴灌带灌水浇透基质，再用 1% 高锰酸钾溶液喷洒架材、墙壁及栽培基质消毒，不得使用禁用物质和方法处理基质。

4. 消毒灭菌

定植前 10～15d 进行高温闷棚，在栽培槽内灌足底水，使基质湿度达到 85% 以上，然后密闭温室 10～15d 进行闷棚，结合高温闷棚可采用百菌清烟剂、蚜虱毙、石灰氮进行消毒。

（三）定植

选晴天上午进行，采用一槽双行错位"T"字形定植，宽行 1m，窄行 40cm，株距 30～35cm，每穴 1 株，合理密度为 2 800～3 100 株/亩。定植后浇水，5～7d 铺膜。

（四）田间管理

1. 查苗补苗

播后及时查苗，出现缺苗应及时补栽。

2. 温度管理

缓苗期白天温室保持 24～28℃，夜间 12～18℃；壮秧期白天温度为 20～25℃，夜间为 13～17℃；开花结果初期白天为 24～28℃，夜间 13～18℃，结果盛期白天 25～28℃，夜间 14～18℃；结果中期（深冬季节）实行三段变温管理：上午 25～28℃，下午 20～25℃，夜间 14～18℃，当棚温升到 28℃时，开始放顶风，下午室温降至 20℃时关闭通风，夜温低于 10℃时，应多层覆盖保温；

第二次结果盛期（翌年春夏季节）白天 25～28℃，夜间 14～20℃，当室内夜温保持在 15℃以上时，撤去草帘。

3. 水肥管理

浇水量必须根据气候变化和植株大小进行调节，定植水要浇够，3～4d 后浇缓苗水，并适当蹲苗。浇水一般在上午 9～10 时进行，根据基质湿度和植株长势情况每次浇水 15min 左右，高温季节在下午 2 时以后补浇一次，阴天停止浇水或少浇。

移栽后到开花前，促控结合，以薄肥勤浇。开花期控制施肥，从始花到分枝坐果时，除植株严重缺肥可略施速效肥外，都应控制施肥，防治落花、落果。幼果期和采收期要及时施用速效肥，以促进幼果膨大。忌用高浓度肥料，忌湿土追肥，忌在中午高温时追肥，忌过于集中追肥。在辣椒生长中期注意分别喷施适宜的叶面硼肥和叶面钙肥，防治脐腐病。以目标产量 4 000kg 为例，推荐亩施氮肥（N）18～22kg，磷肥（P_2O_5）5～6kg，钾肥（K_2O）13～15kg。

4. 通风排湿

当室内温度达到 22℃以上时进行通风，一是可以降低温室内相对湿度，降低病害的发生；二是可以增加温室内二氧化碳浓度，有利于作物的光合作用。

5. 植株调整

及时抹去门椒以下各叶间腋芽，如腋芽萌发枝条，可将其摘心处理。门椒开花前，在定植穴上方拉 2 道南北向的铁丝，铁丝高度一般为 1.5～1.8m，用绳子分别系于两主枝第 3～4 个分枝节点处，上边系到左右 2 根铁丝上。牵引的角度要视植株长势而定，植株旺时，可放松些，把主枝生长点向外侧稍微弯曲；因结果而造成生长势弱的枝条，可用绳缠绕着提起，以助长势。及时摘除老叶、病叶，避免枝条重叠；早春发出的大量枝条，易造成内部拥挤，要疏剪弱枝、徒长枝，改善通风透光条件。

6. 保花保果

深冬季节遇到低温弱光条件时，可喷施植物生长调节剂，如爱密挺（EMTC）50 000 倍液或 50mg/L 的萘乙酸，预防辣椒落花，提高坐果率，加快果实膨大生长。

7. 及时采收

在正常情况下，开花授粉后 20～30d，此时果实已达到充分膨大，果皮具有光泽，已达到采收青果的成熟标准，应及时采收。门椒应提前采收，如果采收不及时果实消耗大量养分，影响以后植株的生长和结果。

四、茄子栽培关键环节与技术

（一）品种选择

选择高产、优质、耐寒、抗病、耐低温寡照、坐果能力强、适合市场需求的茄子品种。

（二）定植前准备

1. 栽培槽

挖半地下式栽培槽：在地面开 U 形槽，用挖出的块石砌槽边，槽内径 60cm，槽深 30～35cm，槽长 8m，槽间走道宽 80cm，槽底部填 3～5cm 厚瓜子石，上铺一层厚 0.12mm 的棚膜。

2. 栽培基质

将基质装满栽培槽，保持基质料表面平整，定植前 1 周，利用滴灌带灌水浇透基质，再用 1‰高锰酸钾溶液喷洒架材、墙壁及栽培基质消毒，不得使用禁用物质和方法处理基质。

3. 温室消毒

通风口设置 40 目防虫网，然后密闭温室，利用太阳光使温室温度达 60℃以上，闷棚处理 3～5d。高温闷棚后，可杀死多数病菌虫卵。

（三）定植

当基质温度稳定在 10℃以上，温室内夜间温度不低于 12℃即可定植。采用双行错位定植，同行株距 45cm（嫁接茄子株距 50cm），保持植株基部距栽培槽边 10cm，苗坨低于栽培面 1cm 左右。

（四）定植后田间管理

1. 温度管理

幼苗期生长适温为白天 25～30℃，夜间 16～20℃，开花结果期生长适温为白天 25～30℃，夜间 15～20℃。在深冬季节，室内最低温度不能低于 13℃，遇到极端低温，可在保温帘上加盖一层棚膜，可提高室温 2～3℃，并勤擦洗棚膜，在后墙张挂反光幕来增加光照；夏秋季节可进行适当的遮阴和叶面喷水降温。

2. 水分管理

定植后及时浇定植水，使基质相对湿度控制在 70%～80% 为宜；缓苗后至开花前以控秧为主，3～5d 浇水一次，基质相对湿度保持在 70%；开花坐果后，以促秧为主，晴天每天灌水 1～2 次，基质相对湿度保持在 75%～80%。生长期气温高时，一般每天浇水 1 次，每次浇水 15min，灌水量每亩 6m³；生长期气温偏低时，可 2d 浇小水 1 次，每次灌水量每亩 4m³；开花坐果前少浇水，结果盛期多浇，高温天气多浇，冷凉天气少浇，阴雨天气停浇。

3. 肥料管理

定植前每个栽培槽开沟施入大三元生物复合肥 0.5kg；在对茄瞪眼时，追第 1 次肥，以后每隔 10d 追肥 1 次。追肥时，将有机生态专用肥与大三元复合肥按 6：4 比例混合，每 100kg 混合肥中另加入磷酸二氢钾 2kg、硫酸钾复合肥 3kg，结果前期每株追肥约 17g，结果盛期每株追肥约 20g，将肥料均匀埋施在距植株根部 5cm 外的根际周围。从结果盛期开始，叶面喷施磷酸二氢钾等液面肥。

4. 植株调整

采用层梯互控方法整枝，即门茄下留一侧枝，门茄以上留 2 个侧枝，以后根据侧枝的开张角度选留 4 个侧枝生长结果；生长期内要及时除去砧木、茎基部及茎上萌发的枝条，避免不必要的营养消耗；深冬季节要注意摘除果实南侧遮光的叶片，使果实见光，着色良好；生长期还要注意摘除僵茄、畸形茄和病虫茄，保证产品优质。

门茄坐果后，适当摘除基部 1～2 片老叶、黄叶；门茄采收后，打掉门茄以下叶片；以后每个果实下只留 2 片叶，摘除多余侧枝及叶片；当选留的侧枝生长点变细，花蕾变小时及时打顶，促发下部侧枝开花结果；当茄子出现早衰或歇秧时，及时打去老叶，7～8d 后，新叶就可发出，并继续生长结果；生产周期结束后，根据植株长势，进行拉秧或平茬再生栽培（一般 8 月下旬和 10 月上旬平茬）。

5. 保花保果

为了提高茄子坐果率和商品果率，可在温室内应用熊蜂进行授粉，防止低温或高温引起落花和产生畸形果。

6. 及时采收

茄子果实从开花到采收需要 20～25d，当"茄眼"变窄，果实膨大变慢时即可采收，一般 2～3d 采收 1 次。植株长势较弱时，适当早采，旺株上的果实可晚采 2～4d。采收时，从果柄近茎端用剪刀剪下果实，采收后的茄子应将其充分散热，再根据果实大小及着色等进行分级。分级后的果实用包装纸包裹，整齐码放于衬有塑料薄膜的纸箱中，每箱重量控制在 2kg 以内。采收后的茄子如不能及时销售，可贮存在 8～10℃、相对湿度 90％～95％的室内。

五、黄瓜栽培关键环节与技术

（一）品种选择

选择优质、抗病、高产、商品性好、适合目标市场消费需求的品种。

（二）培育壮苗

1. 育苗时间

秋冬茬 7 月上旬育苗，早春茬 12 月下旬催芽育苗。

2. 育苗

规模化种植利用工厂化育苗设施；进行穴盘育苗或嫁接育苗；小户生产可行穴盘直播育苗。

（三）定植前准备

1. 装料

在宽 60cm、深 30cm 的 U 形槽内铺宽 1.4m 的棚膜用于保水，然后将发酵好的栽培料装满栽培槽，捡除表皮粗渣，并保持基质料表面平整。

2. 温室消毒

温室放风口设置 40 目防虫网，定植前 1 周进行滴灌浇透基质，并用 1‰高锰酸钾液喷施架材、墙壁和栽培料进行消毒灭菌，以确保温室内干净整洁、无有害昆虫及绿色植物。

（四）定植

采用双行错位定植，同行株距 35～40cm，保持植株基部距栽培槽边 10cm，苗坨低于栽培面 1cm 左右，边定植边浇水，即定植穴浇灌 1 500～2 000 倍液的移栽灵。定植后 1 周，观察植株长势以及在滴灌上铺膜。

（五）定植后田间管理

1. 温度、光照管理

幼苗期生长适温为白天 24～28℃，夜间 15～20℃，开花结果期的生长适温为白天 25～30℃，夜间 10～15℃。遇到早春低温天气，可在保温帘上加盖一层棚膜，可提高室温 2～3℃，并勤擦洗棚膜增加光照。

2. 水分管理

根据气候变化和植株长势灵活掌握浇水量。一般定植后到开花前以控秧为主，3～5d 浇水 1 次，在晴天上午浇灌，阴天不浇水。开花坐果期，勤检查基质水分状况，晴天 2～3d 浇水一次。总的原则是：苗期气温低，一般 3～4d 浇水 1 次，每次浇水 10min 左右，每次每亩灌水 $4m^3$，后期气温逐渐升高，可 2d 浇小水 1 次，每次每亩灌水 $3m^3$；结瓜期水分供应要充足，以利幼瓜膨大；生育期水分要均匀，不可浇水过勤或过度干旱，阴雨雪天气不浇水。

3. 施肥管理

戈壁日光温室黄瓜施肥以有机肥为主，提倡使用商品有机肥和生物肥料，不施用未经充分腐熟、未达到无害化指标的人畜禽粪尿等有机肥料，禁止使用城市垃圾。足施基肥，合理追肥，保持肥力平衡，选用的肥料应达到国家有关产品质量标准，满足绿色黄瓜对肥料的要求。

定植前每个栽培槽开沟施入大三元生物复合肥 0.5kg，定植后至第一幼瓜充分生长时开始追第 1 次肥，此后 10~15d 追 1 次肥。追肥时，将有机生物肥与大三元生物复合肥按 6∶4 比例混合，每 100kg 混合肥中另加入磷酸二氢钾 2kg、硫酸钾复合肥 3kg，第 1 次追肥每株约 15g，第 2 次追肥每株约 20g，将肥料均匀埋施在距植株根部 5cm 外的根际周围。

4. 植株调整

瓜秧长至 30cm 时及时吊蔓，清除第 4 叶以下节位较低的幼瓜和花，4 叶以上节位正常留瓜，每节 1 个，及时清除上部节位的侧蔓、卷须和雄花。

5. 保花保果

开花后为了促进坐瓜，提高坐瓜率和商品率，在温室内推广应用熊蜂授粉，防止产生畸形瓜。

6. 及时采收

黄瓜果实从开花到采收一般需要 7d 左右，成瓜后及时采收，以免影响植株长势及后期产量。

7. 包装运输

包装运输过程要保持适当的温度和湿度。包装运输器材应清洁卫生，无异味、无污染，严防暴晒、雨淋、高温、冷害等发生。

六、西葫芦栽培关键环节与技术

（一）品种选择

选择抗病、优质、高产、耐贮运、商品性好、适合市场需求的品种，适合戈壁温室栽培的西葫芦品种有：冬玉、翠玉、寒玉、国美 301、欧宝等。

（二）茬口安排

秋冬茬：8 月下旬育苗，9 月中旬定植，10 月下旬开始采收，12 月下旬拉秧；越冬茬：10 月下旬育苗，11 月中旬定植，12 月下旬开始采收，翌年 2 月下旬拉秧；冬春茬：12 月下旬育苗，1 月下旬定植，2月下旬开始采收，5月中下旬拉秧。

（三）移栽定植

1. 定植前准备

开挖宽 60cm、深 30cm 的 U 形槽，槽内铺一层宽 1.4m 的棚膜，膜上铺 5cm 厚瓜子石或炉渣粒，再铺一层编织布或无纺布后，将发酵好的栽培基质填满栽培槽，保持基质表面平整，铺好滴灌带，定植前 3d 浇一次透水。

2. 定植

选择晴天定植，对穴盘苗用 50% 多菌灵 800 倍液杀菌后进行分级，采用"T"字形双行交错定植，植株距槽边 10cm，株距 60～70cm，亩定植 1 900 株左右，定植深度使苗坨与栽培面持平，定植后定植穴内浇灌 20% 移栽灵 1 500 倍液。定植后 3d 左右在滴灌上覆膜。

3. 定植后管理

（1）查苗补苗 移栽后及时查苗，出现缺苗应及时补栽。

（2）温度和光照管理 西葫芦适宜生长的温度保持白天 20～25℃，夜间 12℃左右。为防止幼苗徒长，可在定植穴内撒施矮丰灵。坐瓜期保持昼温 25～28℃，夜温 12～15℃。全生育期要求充足光照。

（3）肥水管理 苗期适度控制水肥，坐瓜后加强肥水管理，保持根系环境湿度 80%～85%，空气相对湿度 65%～70%。浇水视天气情况而定，晴天上午 9 时左右浇一次水，阴雨雪天气不浇水或少浇，灌水量根据实际情况确定，一般水压正常时每次浇水时间 15～20min。追肥在定植后 20d 开始，以后每隔 10～15d 追 1 次。追肥时，将专用肥和三元复合肥按 6∶4 的比例混合使用，追肥量以每株 12g 为基础，逐渐增加，盛果期最大追肥量为每株 20g。肥料均匀埋施在距植株茎基部 5cm 外的根际周围。

（4）植株调整 生长到 6～7 片叶时吊蔓，始终保持生长点有充足的光照。根瓜不宜过早采收，采收早植株易徒长，化瓜频繁，造成以后坐瓜困难。及时摘除侧芽、卷须及病残老叶，每次采收后剪除下部 2～3 片叶为宜。

（5）人工授粉　上午 9～11 时摘取雄花，将花粉轻涂在雌花柱头上，再于上午 11 时 30 分左右，用 20～30mg/L 的防落素涂抹瓜柄和柱头，坐果率可达到 90％以上。如果雄花少，则可用 2,4 - D、保果宁等植物生长调节剂处理。

（四）采收

定植后约 50d 即可坐瓜，根瓜长至 250g 左右时应采摘上市，其余瓜重不要超过 500g，否则易引起茎蔓早衰，影响产量。西葫芦皮薄易擦伤而失去商品性，采收时应轻拿轻放。

七、西瓜栽培关键环节与技术

（一）品种选择

选用抗病、早熟、不易裂果、耐贮运、优质高产、适合市场需求的品种，如抗裂京欣、大果三抗、京彩 1 号等。

（二）茬口安排

分早春茬和秋延茬两种类型。早春茬是元月上旬育苗，2 月初定植，5 月上旬上市；秋延茬是 8 月中旬育苗，9 月上旬定植，11 月下旬上市。

（三）培育壮苗

规模化种植利用工厂化育苗设施进行穴盘育苗或嫁接育苗，小户生产可行穴盘直播育苗，苗龄 25～30d。

（四）移栽定植

1. 定植前的准备

（1）装料　定植前 10～15d 将发酵好的栽培料装满栽培槽，捡除表皮粗渣，平整栽培面，铺设好滴灌带。

（2）温室消毒　温室放风口设置 40 目防虫网，定植前 3～5d 进行滴灌浇透基质，再用 1％高锰酸钾或 25％百菌灵 800 倍液喷施架材、墙壁和栽培料进行消毒灭菌，确保温室内干净整洁、无有害昆虫及绿色植物。每年 7～9 月可利用换茬空档期进行高温闷棚 10～15d，结合闷棚进行烟剂熏蒸防治病虫害。

2. 定植

选择晴天下午定植，先用 50% 多菌灵 800 倍液对穴盘及幼苗喷雾消毒，然后按株距 40～45cm 双行错位定植，植株距槽边 10cm，苗坨低于栽培面 1cm，定植后浇"座窝水"（20% 移栽灵 1 500 倍液），亩保苗 2 200～2 500 株。

3. 定植后管理

（1）温度管理

缓苗期：白天保持适温 25～32℃，夜间 18～22℃，保持较高的室温利于缓苗。1 周后白天保持适温 22～28℃，夜间 16～18℃，拉大昼夜温差促进壮苗。

开花坐果期：白天保持适温 25～30℃，夜间 16～18℃，低于 15℃生长不良。

果实膨大期：白天保持适温 25～32℃，夜间 16～20℃，秋延茬栽培时要加强夜间保温，温度低时进行二次覆盖，即在下午放帘后再覆一张旧棚膜，以提高夜温。

（2）光照管理　冬、春季低温期间，尽量增加光照，定期擦洗棚膜，保持较高的透光率。阴雨雪天增加散射光或人工补光，遇连续阴天必须进行人工补光，否则，植株因缺乏光照而出现生理性萎蔫，严重时植株死亡，造成巨大损失。

（3）水肥管理　根据西瓜生长规律和需肥特点，要求底肥充足，而追肥量减少，定植前亩底施三元复合肥 25～30kg、生物有机肥 20～30kg。定植后适度控制水肥，灌水以基质表面见干见湿为主，阴雨雪天不灌水，保持棚内空气湿度 55%～60% 为宜。伸蔓期亩施尿素 2～3kg；开花坐果期严格控制水肥，待瓜坐稳后浇膨瓜水并追肥，结合灌水亩施水溶性平衡肥 4～5kg，间隔 10d 结合灌水亩施高钾复合肥 4～5kg，成熟前 10～15d 控制浇水。

（4）植株调整　西瓜一般采用单蔓整枝，其余侧蔓全部摘除。待主蔓长至 20～25cm 时及时吊蔓，清除卷须，开花后清除过多雄花，选留第 2、第 3 雌花进行人工辅助授粉，并作标识，瓜坐稳后留一个长势好、周正的。待瓜秧长至 28～30 片叶时掐顶，利于果实膨大，瓜长至拳头大小时及时吊瓜。

（5）人工授粉、吊瓜　温室西瓜栽培，必须进行人工授粉或者熊蜂授粉。人工授粉就是摘取盛开的雄花，除去花冠，小心地逐一将花粉涂在雌花的柱头上，授粉后的雌花第 2d 仍开放时须再次授粉，至坐瓜。授粉最佳时间为日出后 2h 内。若遇阴天雄花不开放，可用 0.1% 坐瓜灵每 5mL 兑水 0.75～1.5kg 喷花及子房。当瓜长到拳头大小时，用细网兜兜起，吊挂于铁丝上，防止坠秧。

（五）适期采收

西瓜坐瓜后 30～35d 即达生理成熟，根据标识日期，准确判断成熟度，适期采收上市。

八、甜瓜栽培关键环节与技术

（一）品种选择

选择早熟、抗病、耐低温、优质、高产、商品性好、适合戈壁日光温室栽培和市场需求的品种。早春茬宜选择抗病虫害的耐低温品种，秋延后茬宜选择耐高温多抗品种。

（二）茬口安排

根据当地气温条件，早春茬于 1 月上旬播种，2 月上旬定植，5 月 1 日前后采收。秋延后茬于 8 月上旬播种，8 月下旬至 9 月中下旬定植，翌年 1 月上旬前后采收。

（三）培育壮苗

1. 育苗基质及苗床准备

基质可采用商品育苗基质或自配基质，选料为优质草炭、蛭石、珍珠岩按体积比 3:1:1 配制，每立方米营养土或基质加 1kg 氮磷钾复合肥（$N:P_2O_5:K_2O=15:15:15$），同时每立方米基质或营养土加入 0.1kg 25% 多菌灵可湿性粉剂，将肥料和杀菌剂化水后均匀洒到营养土或基质中，覆盖塑料薄膜闷 3～4d，之后揭开塑料薄膜充分通风 7～10d。播种前 2～3d，将营养土装入营养钵，或将育苗基质装入 50 孔穴盘整齐排放于苗床上。

2. 浸种催芽

将种子晾晒 1d 后，放入 3 倍于体积的 50～60℃温水中，不停搅拌，待水温降至 30℃左右，浸种 3～4h，洗净种子，捞出沥干表面水分，用干净的纱布包好，放在 28～30℃的条件下催芽，当有 50％～60％种子露白时即可播种。包衣种子直接播种。

3. 播种

将露白的种子点播在穴盘中，芽尖朝下，每穴 1 粒种子，播种深度 1～1.5cm，用基质覆盖种子，用平板刮掉多于基质并压实基质，浇透水，在穴盘上覆盖地膜，以保温、保湿。出苗后及时揭去地膜，防止秧苗黄化。

4. 苗期管理

（1）温度　播种至出苗前保持白天温度 28～32℃，夜间不低于 13℃；出苗后保持白天温度 22～25℃，夜间 16～18℃；子叶展开至第 1 片真叶出现前，保持白天温度 22～25℃，夜间 13～17℃；第 1 片真叶出现至定植前 7d，保持白天温度 25～30℃，夜间 15～18℃。定植前通风炼苗，保持白天温度 20～30℃，夜间 10～17℃。育苗棚薄膜要及时清洁，在温度允许的范围内，尽量增加通风换气和光照。

（2）浇水　苗期适当控水控肥。子叶展开后第 1 次浇水，需在晴天上午进行，以浇透基质为宜。以后根据天气情况，中午叶片萎蔫时，及时浇水。一般晴天 2～3d 浇 1 次水，浇水后注意通风排湿，空气相对湿度控制在 50％～60％。阴天一般不浇水，也可提前 1d 浇水。

（3）光照　苗期白天光照时间需 8～10h，光照强度不应低于 10 000 lx。早春茬育苗光照不足时，需补光；秋延后育苗若阳光强烈，则要用遮阳网遮光。

（4）壮苗指标　3 叶 1 心，株高 15～20cm，节间短粗，叶片浓绿，子叶完整，根系发达，无病虫害。苗龄早春茬 30～35d，秋延后茬 20～25d。

（四）移栽定植

1. 定植前准备

（1）温室消毒　定植前每亩用 2 000～3 000g 硫黄粉与锯末混合，分放 10 个点后点燃，熏烟密闭 24h。在放风口和门口安装 40～60 目防虫网，然后高温（60℃以上）闷棚 5～7d。

（2）挖栽培槽　温室内沿南北走向挖 U 形槽，槽长 8m，槽宽 60cm，槽深 30cm，槽间距 80cm，南北方向延长、北高南低，底部倾斜 2°～5°，槽壁及其底部铺 0.1mm 厚的薄膜进行隔离，装填有机基质厚 25～27cm。

（3）基质准备　栽培基质选用商品基质或自配基质，自配基质的原料有牛粪、玉米秸秆、玉米芯、菇渣、蛭石、河沙等，将有机基质与无机基质按 7：3 比例混合，基质总孔隙度为 55%～96%，pH 为 5.8～7.0，EC 值≤3.0mS/cm。

（4）基质消毒　利用太阳能消毒。将基质堆成高 25cm、宽 2m 左右、长度不限的梯形堆，用水喷湿基质，使基质含水量超过 80%，每立方米基质混入石灰氮 50g，覆盖薄膜密闭后在温室或大棚内暴晒 20～30d。栽培槽内基质可直接浇水后覆膜，然后用薄膜密闭暴晒。

（5）灌溉设施安装　温室内建造 10m³ 晒水池，采用自吸式离心泵（扬程 28cm，流量 26m³/h），经支管连接电磁阀将施肥桶与滴灌干管始端在过滤器之前接入，滴灌支管直径为 50mm，支管连接滴灌带，每槽上铺设 2 条滴灌带，肥料溶解在施肥桶或储液池中。也可使用文丘里施肥器将肥料与水按一定比例混合后进行滴灌。

2. 定植

日光温室内 10cm 深地温连续 5d 稳定在 12℃以上，选择晴天上午定植。穴盘苗用 50% 多菌灵 800 倍液消毒，采用"T"字形双行交错定植，每槽种植 2 行，植株距槽边 10cm，双行栽培单蔓整枝株距 40cm，双蔓整枝株距 60cm 为宜。一般厚皮甜瓜每亩定植 2 000～2 200 株，薄皮甜瓜每亩定植 2 200～2 500 株。瓜苗连带基质块一同定植到槽内，定植后马上浇一次定植水。

3. 定植后的管理

（1）温度管理　缓苗期白天温度保持 22～28℃，夜晚 18～22℃；生长期白天温度保持 25～30℃，夜晚 18～20℃；开花坐果前期，白天温度保持 25～32℃，夜晚 18～20℃，低于 15℃生长不良；坐瓜期和膨瓜期白天温度保持 25～32℃，夜晚 16～20℃；成熟期昼夜温差最好在 12℃以上。根际温度白天 22～25℃，夜间不低于 15℃为宜。秋延茬要加强夜间保温，低温时进行二次覆盖，于下午放帘后再覆盖一张旧棚膜。

（2）光照管理　改善光照条件，尽量增加光照，做到棚膜清洁，合理密植，利于通风透光；连续阴雨天或阴雪天光照不足可铺设反光幕或人工补光；光照过强则适当用遮阳网遮光。

（3）水肥管理　重施基肥，减少追肥。定植后控制水肥，灌水以保持基质表面见干见湿为宜；阴雨雪天气不浇水，保持棚内空气相对湿度 55%～60%为宜。定植后浇足定根水，5 叶期后，上午和下午各灌 1 次水，早春茬根据气温每次每亩灌水量 1～1.5m³，秋延茬每次每亩灌水量 1.5～2m³。幼果授粉 5d 后进入果实膨大期，每亩灌水量为每天上午 1.5～2m³，下午补 1 次清水，每亩灌水量为 1.5～2m³，保持基质含水量 75%～80%。果实快速膨大生长 20d 后进入缓慢生长成熟期，春早茬每次每亩灌水量和膨大期一致，秋延茬灌水量有所降低，保持基质含水量 65%～70%。果实成熟后期，控制浇水，果实成熟前 1 周停止浇水。开花前期追肥一次，每亩追施 5～10kg 氮磷钾复合肥；开花坐果期严格控制水肥，幼瓜长到鸡蛋大小时，每亩施氮磷钾复合肥 25～30kg，分 2 次随水冲施入基质中。生长期内可叶面喷施 2～3 次 0.2%的磷酸二氢钾或光合微肥，使植株叶片保持良好的光合能力。

（4）吊蔓　单蔓整枝：5 片叶前吊蔓，以固定并利于瓜蔓生长，生长过程中及时将瓜蔓绕在吊绳上并及时抹去侧芽。双蔓整枝：幼苗 4 叶 1 心时摘心，以后选留两条健壮侧蔓并及时固定吊起，抹除侧枝。在瓜苗生长过程中注意及时将瓜苗缠绕在吊绳上，以促使瓜藤沿绳向上生长。

（5）整枝　整枝打杈选择在晴天上午 9 时以后进行。厚皮甜瓜采用单蔓整枝，及时抹去侧芽，留主蔓继续生长，选择主蔓第 12～15 节作为结果枝，即在第 12～15 节的节位间留 3 条从主蔓萌生出来的侧蔓作结果枝。在雌花开放前 1～2d 对结果枝留 2 片叶后摘心，坐果节位以下的侧枝全部抹掉，结果枝萌生的侧蔓也尽早抹去，当主蔓长至 26～28 片叶时打顶。薄皮甜瓜在定植后长出 4～6 片真叶时进行摘心，留一条粗壮的侧蔓继续生长，再在侧蔓的 12～15 节留孙蔓作为坐果枝，坐果枝以下的孙蔓全部抹掉。在雌花开放前 1～2d 对结果枝留 2 片叶后摘心，结果枝萌生的侧蔓也要尽早抹去，当侧蔓长至 26～28 片叶时打顶。

（6）人工授粉与留果　甜瓜授粉最好在晴天上午 8～10 时、气温升至 20℃ 以上进行，采用放蜂和人工辅助授粉促进坐瓜，人工辅助授粉时注意将雄花花冠去除以保证授粉均匀，授粉结束后挂牌标明日期。在幼瓜长至鸡蛋大小时定果，保留果形正常、无伤、无病的幼瓜，摘除多余瓜、畸形瓜及病虫瓜，厚皮甜瓜每株保留 1 个瓜，薄皮甜瓜每株保留 2 个瓜。幼瓜长至 250g 大小时，用网兜或柔软的绳子兜瓜。

（五）采收

根据授粉标记日期，以及成熟果实的果面固有色泽和品种特征等综合判断成熟度。采收时用剪刀，保留 T 形果柄和 5～10cm 长坐果蔓，注意轻拿轻放，采收最好在上午进行。果实品质要求形态完整，表面清洁，无擦伤、开裂，无农药等污染，无病虫害损伤。远距离销售宜选择八成熟果实采收，近距离销售宜选择九至十成熟的果实采收。

九、人参果栽培关键环节与技术

（一）品种选择

结合生产实际，以阿斯卡为主栽品种，长丽、大紫为搭配品种。

（二）栽培茬口

以越冬一大茬为主，7～9 月定植，8～10 月开花，11 月至翌年 1 月始收，次年 6～7 月拉秧，7～8 月休闲期高温闷棚、土壤处理准备下茬定植。

（三）培育壮苗

种苗由人参果专业育苗机构提供，优先选用脱毒种苗。壮苗标准：茎秆粗壮，根系发达，叶色深绿，无病虫为害。每座标准温室（跨度 7.5m，长度 60m）需苗 2 500 株。

（四）移栽定植

1. 定植前准备

（1）棚室清洁　人参果收获后，要彻底清除残枝落叶，并集中深埋。及时清除温室内部及周边杂草，清除病毒传染源。

（2）温室环境消毒

空间消毒：结合高温闷棚，用 0.1％高锰酸钾或 10％磷酸三钠对温室空间进行喷雾消毒处理。也可以用传统的温室熏蒸方法，即用百菌清烟雾剂，或亩用 80％敌敌畏乳油 200～300mL 加锯末 2～3kg 混合均匀制成烟雾剂，分堆点燃熏蒸。

高温闷棚：经过棚室清洁、土壤和空间消毒处理后，在 7～8 月夏季高温时段进行高温闷棚。具体采取先干后湿，两次闷棚。第 1 次闷棚为干闷，第 2 次为湿闷。第 1 次干闷时，地表不旋耕，喷药（70％百菌清·锰锌 600 倍液，或 96％噁霉灵 3 000～6 000 倍液，或 30％噁霉灵 1 000 倍液）、喷酒精（每喷雾器 15L 水加 75％酒精 100mL）后盖农膜，主要杀灭地表病菌。第 2 次高温闷棚前，先针对前茬发生的病虫害用双倍药量进行地面喷药，然后大量浇水。浇水时地表会有气泡，表层土壤中氧气被挤出，形成一个耕层土壤窒息环境，随着之后高温闷棚进而形成高温窒息环境，结合药剂处理，可彻底杀灭土壤中的病菌、虫卵、草籽。2 次高温闷棚时间各 10～15d。闷棚前必须修补温室塑料薄膜破损处，做到温室完全密闭，方能保证高温闷棚效果。

（3）整地施肥　亩施腐熟优质农家肥 8 000～10 000kg，油渣

100kg，磷酸二铵 20～25 kg，硫酸钾 10～15kg，生物有机肥 60～80kg。肥料 2/3 撒施，其余 1/3 待起垄或开沟时集中施用。

（4）起垄、开沟　起垄定植的田地，可结合翻地将 50％多菌灵可湿性粉剂 2～3kg/亩与抗病毒药剂 20％吗呱·乙酸铜可湿性粉剂 1～2kg/亩混匀，拌沙施入，4～5d 后起垄。南北向起垄，总宽120cm，垄宽 70cm、沟宽 50cm、垄高 20～25cm，垄上开宽 30cm、深 10～15cm 的定植沟，垄面覆膜，定植前浇足水。开沟定植的田地，南北向开沟，总宽 120cm，沟宽 70cm、沟埂宽 50cm、沟深20～25cm，沟内施入剩余的 1/3 底肥，土肥混匀，定植前浇足水。

2. 定植

选择晴好天气，三角形开穴单株定植，株行距（25～28)cm×40cm，每座标准日光温室保苗 2 300 株。定植时采用药水稳苗法（用移栽灵或生根壮苗剂配成的药液），定植深度以苗坨与垄面相平为宜，定植后浇足定植水。

3. 定植后的管理

（1）缓苗期管理　定植后 5～7d 闭棚保温，白天温度保持28～30℃，夜间温度保持 14～17℃，10cm 地温保持 18～23℃，空气相对湿度保持 70％～85％，以利发生新根，加快缓苗。缓苗期注意遮阴防晒。定植 2～3d 后浇一次缓苗水。缓苗后应及时查苗补苗，确保全苗。随后开始控水蹲苗，开花前不旱不浇水，促进壮秆扎根，防止枝叶徒长。

（2）温湿度调控　人参果开花结果期适宜生长温度 25～28℃，最高不超过 30℃，最低不小于 8℃。温度过高、过低都会造成落花落果。空气相对湿度白天保持 60％～70％，夜间保持 80％～85％。当棚内温度超过 28℃，湿度超过 85％时，要及时通风换气，降温排湿。秋冬季节当日平均温度降到 15℃时及时扣棚，夜温低于10℃以下加盖保温帘保温。扣膜初期，白天注意通风，保持 15～25℃，最高不超过 28℃；夜间保持 10～15℃，最低不低于 8℃。当外界气温稳定在 10℃以上时，温室不再加盖保温帘，外界最低气温稳定在 15℃以上时可昼夜通风。

（3）光照 定植后适当遮阴，防止强光高温。生长季节保持膜面清洁，在保证温度的前提下，尽可能延长光照时间。

（4）水肥管理 浇水采用膜下暗灌，定植时浇足定苗水，缓苗后及时浇好提苗水，并视苗情追肥促苗，控水壮苗。第 1 穗果核桃大小时应浇水追肥一次。浇水间隔时间一般夏秋季 5～7d，冬春季 10～15d。结合浇水采用隔水追肥法，追肥优先选用有机专用肥、平衡肥、高钾多元复合肥等，硫酸钾每次亩施 10～15kg。实施水肥一体化的温室采用速溶性好的肥料或滴灌专用冲施肥，每次亩施 10～15kg。开花结果期应重视补施叶面肥，膨果期注重高钾肥施用。

（5）植株调整 人参果属于无限生长作物，植株生长旺盛，分枝成枝力极强，生产上一般采用单蔓整枝法，每株留 1 个主枝结果，侧枝全部去除。一般当腋芽抽出 4～5cm 时及时抹掉，5～7d 一次。人参果是半直立半蔓生植物，其茎秆木质化程度差，柔弱，株高 30～40cm 应及时吊绳绑蔓，以后随着秧蔓的伸长，将秧蔓"S"形吊在绳上。开花前用液态钾 1 500 倍液或磷酸二氢钾 300 倍液喷雾一次。待果实坐稳后选留果形整齐的大果，疏除小果、畸形果、病果。第 2 穗以上留果 3～4 个。

（五）适时采收

人参果定植后 35～45d 开始坐果，120～130d 开始采收，140d 左右进入采收盛期。当果面呈现出明显的紫色条纹，果皮、果肉变成淡黄色时，即为采收适期。采收时戴上手套，轻轻托起果实，用剪刀剪下，按大小进行分级，每个果实套上包装网，装箱上市销售。

十、草莓栽培关键环节与技术

（一）品种及种苗选择

1. 品种选择

应选择适应当地土壤和气候特点，并对当地主要病虫害有较强抗性及休眠浅、优质、丰产、耐贮运、商品性好、适合市场需求的草莓品种，如红颜、章姬、圣诞红等。

2. 种苗选择

（1）选择品种纯正、根系发达、健壮、无病虫害、具有 4 片以上功能叶，无检疫对象和危险病虫的种苗。宜使用脱毒苗。

（2）不得使用经过禁用物质和方法处理的种苗。

（二）定植

1. 定植前准备

（1）整地　结合整地施入基肥，土壤应疏松，颗粒小而均匀。

（2）棚室及土壤消毒　在定植前应进行棚室及土壤消毒，消毒时不得使用禁用物质和方法。

（3）起垄覆膜　定植前 7～10d 起垄，垄高 30～40cm，上宽 50～60cm，下宽 70～80cm，垄沟宽 20～30cm。起垄后，灌溉一次透水，后修垄、铺设滴管、覆膜，可选用黑色、银灰色膜或黑色与银灰色双色膜。

2. 定植

（1）定植时间　以 8 月下旬至 9 月中旬定植为宜。

（2）定植方法　采用南北双行"T"字形交错定植，植株距垄边 10～15cm，株距 15～25cm，小行距 25～35cm。定植时，根系顺直，深不埋心，浅不露根。

（3）定植密度　亩定植 5 000～6 500 株。

3. 环境调控

（1）温度　依据草莓生长发育阶段进行温度管理。草莓适宜生长的温度指标见表 8。

表 8　草莓适宜生长的温度指标

生长发育	温度管理指标（℃）	
	白天	夜间
显蕾前	26 ～ 28	15 ～ 18
显蕾期	25 ～ 28	8 ～ 12
花期	22 ～ 25	8 ～ 10
果实膨大期和成熟期	20 ～ 25	5 ～ 10

（2）湿度　整个生长期都应尽可能降低温室内的湿度。开花时，白天的相对湿度控制在40%～50%为宜。

4. 水分管理

定植时浇透定根水，1周内勤浇水，以后以"湿而不涝，干而不旱"为原则。草莓是否缺水可以草莓叶片清晨吐水状况判断。

3. 光照

采用透光性好的功能膜，冬春季节保持膜面清洁，白天揭开保温覆盖物，尽量增加光照强度和时间。也可安装补光灯，在日落后补光3～4h。

4. 二氧化碳

冬春季节增施二氧化碳气肥，宜在晴天上午9时前进行，浓度以700～1 000mg/L为宜。

5. 土壤管理和肥水管理

（1）定期监测土壤肥力水平和重金属含量，根据检测结果，有针对性地采取土壤改良措施。

（2）采取地面覆盖作物秸秆、杂草等措施，提高草莓园的保土蓄水能力。覆盖材料要求未受有害或有毒物质污染。

（3）采取多施绿肥、有机肥等方法培肥土壤，改良土壤结构。

（4）提倡放养蚯蚓和使用有益微生物等生物措施改善土壤的理化和生物性状，但微生物不能是基因工程产品。

6. 施肥

（1）施肥原则　满足草莓对各种营养元素的需求，提倡多施有机肥、合理施用无机肥、适时配方施肥。矿物源肥料、微量元素肥料和微生物肥料，只能作为培肥土壤的辅助材料。肥料施用应符合NY/T 394中的规定。

（2）施肥方法　基肥一般每亩施腐熟农家肥2 000～3 000kg，或用商品有机肥200～400kg，必要时配施一定数量的矿物源肥料和微生物肥料，于整地时施入。土壤追肥根据草莓生长发育规律，分别于顶花序现蕾期、顶花序果开始膨大期、顶花序果采摘前期、顶花序果采摘后期施用，之后每隔15～20d追肥一次，以有机肥为主，结合灌水进行；叶面追肥根据草莓生长情况合理使用，在草莓采摘前 10d 停止使用。

7. 灌溉

选择合理的灌溉方式，推荐使用膜下滴灌，适时适量灌溉，忌积水。

8. 植株管理

（1）摘叶　新叶展开后，及时去掉老叶和病叶。开花结果期，每株草莓保留 8～15 片功能叶。

（2）去侧芽　日系草莓品种在顶花序抽生后，每个植株上选留 1～2 个方位好且粗壮的新芽，其余全部去除；欧美系草莓品种不去侧芽。

（3）除匍匐茎　在植株的整个发育过程中，及时去除匍匐茎。

（4）疏花疏果　及时摘除花序上的高级次无效花、无效果和畸形果，每个花序保留果实 3～6 个。

（5）辅助授粉　开花前 1 周在日光温室内放入蜜蜂，进行辅助授粉。

（三）采收

果实表面着色达 70％以上即可采收，时间以清晨露水干后或傍晚转凉后采收为宜，农药安全间隔期内不采收。采摘的果实要求果柄短，不损伤花萼，无机械损伤，无病虫为害。采收时要注意轻采、轻拿、轻放，采收后按大小、外观分级、包装。

十一、韭菜栽培关键环节与技术

（一）品种选择

选用适应性较强，抗寒、耐热、抗病虫、优质的品种，目前以冬韭王为主。

（二）培育壮苗

1. 育苗

温室育苗 2～3 月播种，露地育苗 3～5 月播种。育苗前结合整地，亩深施充分腐熟过筛的农家肥 1 000kg 和腐殖酸肥或商品有机肥 60kg，耙耱镇压平整。播种后盖 0.5～1.0cm 的细沙，及时浇水，保持地表湿润。

2. 苗期管理

当苗高 4～6cm 时，及时灌水，以后每隔 7～8d 灌水一次，做到勤浇薄灌。当苗高 10～20cm 时，结合灌水每亩撒施腐殖酸有机肥 15kg，后期适当控制浇水，即蹲苗，促进地下部发根协调生长，防止秧苗徒长倒伏。齐苗后及时拔草 2～3 次。采用大棚播种，要注意棚温变化，及时通风换气，白天温度控制在 15～20℃ 为宜，最高不要超过 24℃，以防高温影响韭菜生长。待晚霜冻过后即可揭棚膜。

（三）移苗定植

1. 定植前准备

（1）整地施肥 精细整地，施足底肥，特别是换茬的老棚要做好换土和施肥工作，结合整地深施底肥，每亩施腐熟的农家肥 3 000kg，草木灰 200kg，深耕 30cm，反复耙耱，使土肥混合均匀，做到地面平整、土壤松软。

2. 定植

5 月下旬至 6 月上旬开始移苗定植。采用机械收割，行距为 30cm，穴距 10cm，每穴韭苗 4～6 株，亩保苗 9 万～12 万株；人工收割，行距 20cm，穴距 15cm，每穴定植 4 株，亩保苗 9 万株左右。移栽深度 3～4cm 为宜，不要过深。

3. 定植后管理

缓苗期只浇水不施肥，缓苗后韭菜全部发出新叶开始施肥，每亩施腐殖酸肥或商品有机肥 100kg，以后根据长势逐渐加大施肥量。浇水后及时划锄，以利保墒除草，此后进入生产管理。

（1）水分管理 正常生长的韭菜应保持土壤见干见湿，8～9月要求保持土壤表面不干即可；10 月以后，逐渐控制浇水，要有湿有干，不旱不浇；土壤封冻前应浇一次足水。

（2）施肥管理 施肥应根据长势情况，采取轻施、勤施的原则。在 8～9 月结合浇水，追施两次肥料，第 1 次每亩施腐殖酸肥或商品有机肥 80kg，第 2 次施 120kg，肥料要顺行施入。

（3）掐去花蕾　不管是一年生韭菜抽生的少量韭薹或多年生韭菜抽生的韭薹，都要及早摘掉花蕾，勿使开花结籽消耗养分。

（四）扣棚生产管理

1. 扣棚时间

温室韭菜必须经过休眠期，在韭菜叶子全部干枯后才能进行扣棚。一般定植 2 年以上的韭菜于 10 月下旬至 11 月上中旬覆膜扣棚，当年新定植的韭菜在 11 月中下旬至 12 月上中旬覆膜扣棚。韭蛆发生严重的温室，应适当延迟扣棚时间，低温可杀死部分虫卵。

2. 扣棚前准备

扣棚之前清除残茎枯叶，施足肥，浇足水。亩施优质腐熟农家肥 5 000kg，磷酸二铵 20～30kg，有机肥 40～50kg，把表土划松。

3. 温度调控

韭菜性喜冷凉，生长适温为 12～24℃。株高 10cm 以上时，白天保持 16～20℃，气温超过 28℃放风降温，夜间保持 8～12℃。注意控水控湿，相对湿度保持在 60％～70％。湿度大、光照弱、高温，韭菜生长过快，叶片细嫩，抗病性下降，易发生烂韭菜；温度过高、缺水，还会发生干尖现象。

头刀韭菜白天保持 17～23℃，尽量不超过 24℃，收割前 3～5d，降温 2～3℃，使韭菜不要生长过快，以免出棚后容易发蔫，影响商品品质。以后各刀韭菜生长期间的温度上限可比上刀高出 2～3℃，不得超过 30℃。当天气变冷后，特别是韭菜扣棚萌发后，要杜绝放底风，以免扫地冷风直吹韭叶造成冻伤，一冷一热也会出现烂韭现象。

4. 水肥管理

扣棚后不浇水，以免降低地温，湿度过大引起病害。韭菜需肥量大，苗高 10cm 左右，结合灌水，视基肥投入量及韭菜生长状况适度追肥，每亩可顺行撒施腐殖酸肥或商品有机肥 80～100kg，其后在不影响正常生长的情况下，尽可能的少浇水或不浇水，收割前 10d 禁止浇水，保证韭菜干净而不粘带泥沙。每收割一次，待韭苗重新长至 5～6cm 时需施一次肥。

（五）采收

韭菜生长 28～30d 以上，按商品要求韭菜长至 30cm 时收割。定植两年以上的老韭菜一般收割 3～4 刀，新韭菜以收割 2 刀为宜。收割时留茬，收割位置在小鳞茎上 3～4cm 处，割口应整齐一致。收割下的韭菜不要直接落地，摘除老化叶鞘、损伤叶片及叶部泥土后，对齐叶茎部，用专用捆扎带捆扎，捆绑要整齐、干净，做到韭菜内不夹泥沙和其他杂物。收割后立即清洁土壤，撒施草木灰，耙耧一遍，2～3d 后韭菜伤口愈合、新叶长出，进行正常管理。4 月中旬可揭棚膜转为露地管理，以培养根株。

第五章

日光温室配套应用技术

一、温室卷帘通风一体机

（一）主要功能

温室大棚通风控制机，主要包括单路控制机（只能控制一个通风口）和"一拖二"双路控制机（能控制两个通风口）。可通过设定温度值和步长值来自动开、关通风口，可设置单次运行时长来控制每次开、关风口的大小。通风机能通过 GPRS 网络将温湿度数据每 5min 发送一次给数据中心，数据中心即时分析更新数据并发送到用户手机 APP"温室管家"上，用户随时随地可通过手机 APP 实现远程操作控制和设置通风机，安全可靠，操作简便。设置为自动运行后无须人工干预，极大减轻用户的工作强度。

（二）主要特点

1. 精准测控

每 5min 自动回传更新一次数据，通过控制机、手机 APP、电脑端软件平台等随时随地精准掌控棚内温、湿度，操作便捷、专业高效。

2. 多重保护

具有操作记录记忆和电机过载保护功能，避免行程异常和电机超负荷过载而造成损失，安全可靠。

3. 省心省力

自动化程度高，设置温控、湿控自动运行，操作简便，省去用户频繁往来温室查看温湿度和费力费时拉动风口，极大减轻了劳动强度和提高了工作效率。

4. 自由管理

不受时间、距离限制，自动和手机 APP 远程均可调控棚内温度，实现作物在不同生长期的最适温度，从而改变以往的粗放式管理。

5. 预警提醒

"保姆式"后台管理，温度过高或过低时，系统后台将自动向用户手机客户端发送警示信息，当超过一定时间数据未改变时，工作人员会联系用户及时处理，有效防止温度过高或过低而对农作物造成伤害。

（三）安装方式

如图 13 所示，连接卷膜钢管与卷膜电机，固定好螺丝，调试卷膜机行程限位。注意检查卷膜钢管是否笔直，整根轴运转有无障碍，确认控制机输出电压跟卷膜机是否一致。

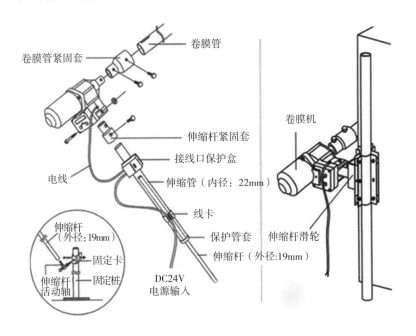

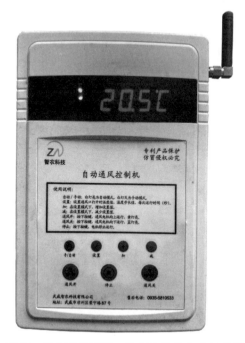

图 13　温室卷帘通风一体机安装及集成示意图

二、水肥一体化智能控制机

水肥一体化智能控制机，可接入互联网（GPRS 或网口通讯方式）连接到服务平台，用户可通过手机 APP（仅限安卓系统手机）、电脑端平台实现远程控制水肥机浇水和施肥；可设定土壤湿度值进行自动浇水和施肥；可通过摄像头在视频监控下远程操作水肥机，随时随地查看棚内空气温湿度、土壤温湿度、二氧化碳浓度、光照强度等数据；设有 3 个 200L 的配肥桶，可选择单独一种肥料浇灌或 3 种肥料混合浇灌，可选择在浇水时将配好的肥料水注进主管道混合浇灌，也可单独浇灌；主控箱显示屏能查看棚内温湿度数据和设置数值自动控制，手机上也可设置和进行手动自动切换；方便快捷，精准可靠。

（一）主要特点

1. 节水

节水是水肥一体化智能控制技术的基本理念，通过水肥一体设施，根据不同作物和不同生长时期，均匀、定时、定量精准滴灌，增加用水次数，减少每次用水量，可大幅度节水 50%～70%。

2. 省肥

水肥一体化智能控制系统根据蔬菜不同生长期需水、需肥特点，进行不同生长期的需求设计，把水分、养分定时定量、按比例直接提供给作物，集中有效施肥，减少了肥料随水流失、挥发等的损失。

3. 减少病害，减少作物用药

多数病害的诱发是因温室湿度过大，水肥一体化智能控制技术的应用，有效控制了温室内湿度，抑制了病害的发生，土传病害也能得到有效控制。

4. 防止土壤板结

常规灌溉往往造成土壤板结，影响农作物生长，水肥一体化技术则是克服这一问题的有效途径。

5. 省成本

节水，省肥、省药、省工，减少了生产成本，提高了生产效益。

6. 促进生长，高效生产

干旱、半干旱地区设施农业的大部分作物会因为土壤中的水分多少而影响收益，水肥一体化智能控制机是根据温室内土壤湿度参数定时定量精准控制水肥，保证作物根部水分始终保持在作物生长需水的最佳状态，使作物整个生长周期保持持续、旺盛的生长发育，从而奠定了高效、丰产、优质的基础。

（二）基本原理及田间布局

水肥一体化智能控制机的工作原理及田间布局见图 14。

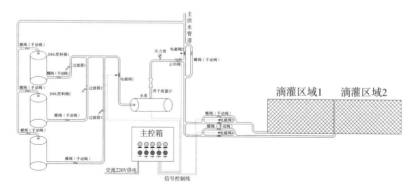

图 14　水肥一体化智能控制机的工作原理及田间布局

三、温室大棚智能"小喇叭"

温室大棚"智能网络温湿度传感器",俗称智能"小喇叭",为新一代温室大棚温湿度智能小管家,它与温室大棚感知系统、农业气象监测站系统、温室大棚自动控制系统、远程自动灌溉系统等共同构建起农业大数据平台,运用物联网、云计算、移动互联网等信息技术帮助用户看管温室大棚，提供全天候温湿度监测服务。目前在内蒙古、甘肃、山东、辽宁等多个省、自治区推广应用，效果良好。

（一）"小喇叭"主要功能

1. 远程服务

一是实现了远程无线信息服务，解决了用户频繁到现场利用温湿度计查看温湿度情况的困扰，使用时只需打开手机微信小程序就能查看到温室内温湿度的信息，能提供查看实时温湿度数据和查看历史温湿度曲线走势；二是信息准确、安全可靠、查看便利，通过一部智能手机实现数据查询、信息查阅和各种功能服务，无论用户身处何处，只要有通信讯号的地方，用户都可以轻松查询到各项服务信息；三是"小喇叭"使用方便，体积小，可以安装在温室大棚内需要测量温湿度的任何位置；四是可通过太阳能、锂电池两种途径提供电源，确保任何时候有电源保障和服务信息的完整性。

2. 平台服务

（1）告警提醒　"小喇叭"是温室内部环境感知的终端平台，不仅实现对温室内温湿度的实时监测，而且能提供温室内高、低温度超限电话报警服务和失联告警服务，用户可通过小程序进行按需调节，自定义告警高、低温阈值，当温度达到告警阈值时，"小喇叭"立即给用户发送告警信息，用户收到告警信息后，能及时将温室大棚内的温湿度调整到最佳状态，使作物始终处于最优温湿度环境。

（2）种植技术　通过系统平台，用户输入温室大棚内当前作物所处的物候期信息，"小喇叭"系统会自动推送相应的种植管理技术及注意事项，全方位为种植户提供科学技术支撑。

（3）每日菜价　用户可按地区、市场，查询不同农产品的批发市场参考价格，为用户进一步做好农产品市场均衡供应和种植结构优化调整提供参考依据。

（4）天气预报　为用户提供查询所在地的天气预报服务，同时推送预警气象信息及生活指数，为灾情预防提供信息支撑。

（5）记账本服务　用户通过记账本，可以按月、按年进行查询、统计支出与收入情况，随时掌握资金流向，为用户资金管理提供科学服务。

（6）监工宝　可以实时查看生产者对温室大棚的管控水平。

3. 互动服务

"小喇叭"还能为用户提供更多的服务项目，能够给用户提供不同作物茬口安排、病虫害科学防控、专家咨询、用户间学习交流等服务，通过平台的大数据分析，农户可以得到相应的种植信息，为及时调整自己的种植计划提供参考。

（二）产品技术参数

供电方式：太阳能、锂电池。

温度测量范围：－10～60℃。

温度测量精度：±0.5℃。

湿度测量范围：0～100％。

湿度测量精度：≤8％RH。

（三）"小喇叭"产品应用实景

"小喇叭"产品应用实景见图15。

图15　小喇叭产品应用实景

四、温室智能控制机

（一）主要功能

一是用户可通过手机 APP 实现远程控制卷帘机、通风口、热风炉、浇水机、补光灯等的开启或关闭，也可设置为自动控制。

二是能采集温室中的空气温湿度、光照强度、二氧化碳浓度、土壤温度和水分等数据，在屏幕上显示的同时还能通过网络每5min 发送一次给数据中心，由数据中心即时分析更新数据并发送到用户手机 APP"温室管家"上。

三是当温度超出温室预警值时，后台系统会自动向用户手机 APP 端发送预警信息和警示声音，当超过一定时间温度未改变或者持续过高或者过低时，工作人员会及时电话联系用户，以防温度过高或过低对农作物造成伤害。

四是上、下行程限位开关，能有效地防止卷帘上行过度而掉下后坡和下行过度卷帘倒卷；配备的遥控器遥控距离远（可达1 000m），响应速度快；多功能遥控器可控制多台设备（多座大棚）；设有电机缺相或过载时对电机的保护功能；有防夜间启动功能，安全可靠。

（二）主要特点

省力：一人能操作所有温室的卷帘、通风、补光、浇水等，减少人力投入。

省时：动动手指就可同时控制所有的温室，几分钟搞定，节约操作时间。

省心：设定温度自动控制，卷帘、通风行程限位，缺相、过载保护，省心更放心。

智能：数据保证，自动提醒，远程视频监控，无论身处何地，都可及时管理温室。

智慧：保存每座温室数据，分析保温性能、棚膜透光度，为农时农事操作提供科学依据。

（三）通信方式

1. GPRS 通信方式

适合小规模用户使用。通过手机 APP、遥控器等方式来操作，无须有线网络，不受距离、地域限制，安装便捷灵活，可远程操控。

2. LORA 无线通信方式

适合布局不规则、布线较困难的园区使用。无线组网灵活、成本低，一个中心控制器可控制多座大棚。

3. 有线网络通信方式

适合已铺设光纤、网线及监控视频的大型园区。控制大棚数量多，数据传输快，操作稳定可靠，配合专用控制平台，控制大棚数量可达上千座。

（四）安装布线方式

温室智能控制机集成示意见图 16。

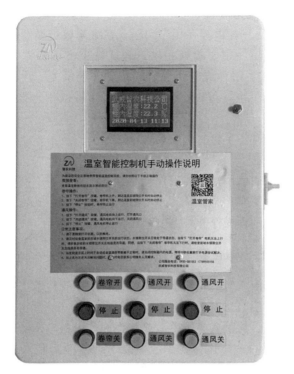

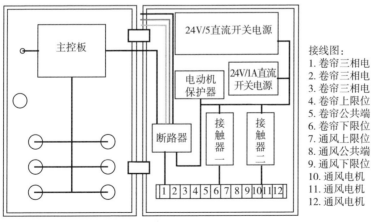

接线图：
1. 卷帘三相电
2. 卷帘三相电
3. 卷帘三相电
4. 卷帘上限位
5. 卷帘公共端
6. 卷帘下限位
7. 通风上限位
8. 通风公共端
9. 通风下限位
10. 通风电机
11. 通风电机
12. 通风电机

图 16 380V 温室智能控制机内部电路示意图

（五）注意事项

由于 380V 三相电存在相序问题，在维修或更换卷帘电机、倒换进线位置之后一定要检查相序，确认卷帘机运转方向，即按下"卷帘开"开关，确认卷帘机上升；按下"卷帘关"开关，确认卷帘机下降，确保卷帘上下运行的方向与上下限位开关的方向一致时才能交付使用。

使用软件操作平台时，应具备电脑的操作技术，能对电脑进行正确操作。

有线网络通信用户，要确保网络设备（路由器、交换机、通信线路等设施）工作正常；使用 SIM 卡通信的用户要保证卡内费用充足，以保证远程操作和数据能够正常运行。

五、水肥一体化自动控制技术

戈壁日光温室轻简栽培水肥一体化自动控制技术主要应用于戈壁日光温室内铝箔槽有机基质栽培，用于定时开关、水量控制仪、恒压变频水泵、比例式施肥器、滴管设施等设备，按照作物需水量控制水肥灌溉的一体化自控系统，能达到精准水肥供应，节省基质、肥料和人工成本，提高生产效率的目的。

（一）主要设施设备

1. 轻简栽培设施

将铝箔卷展开，根据温室实际栽培宽度，折叠成宽 15cm、高 10cm、长 8~10m 的铝箔栽培槽，两头用丁基防水胶带粘贴密封，装料后每隔 80cm 用胶带粘贴固形。根据栽培行距制作相应的栽培槽数。栽培槽底部应平整一致，无落差。

2. 水肥自动化控制设备

根据小区灌溉面积选择 600~1 500W 的日井牌恒压变频水泵，吸水口应设置逆止底阀，出水口应设置 100 目反冲洗过滤器，并向连接 2 个嘉易通牌比例式施肥器（比例范围 0.4%~4%），施肥器应架设在高 1m 以上，施肥器下放置 2 个 100L 施肥桶，施肥器出口连接滴管主管道。

3. 滴管设备

一般将温室可栽培面积平均分 4 个小区进行灌溉，设置 PCV40 主管道 1 条，PVC32 支管道 2 条，PVC25 分支管道 4 条，分支管道架设至每个栽培槽顶端，连接滴管带。主管道应铺设至温室中央，利于分管道平衡供应。滴灌带根据栽培作物不同应选择 20～40cm 的滴头间距，每个栽培槽铺设 1 条滴灌带。

4. 水肥自控化控制设备

每个分管道进口处连接常闭式手自一体电动球阀 1 个，4 个电动球阀连接至智能遥控定时控制器，可通过手机设置定时开关电动球阀，实现定时水肥灌溉。每组滴灌带进口处连接自动水位控制仪 1 个，实现水肥分组自控。水位控制仪下部设置隔离钵 1 个，防治基质或根系进入水位控制仪，水位控制仪上部应与栽培槽齐平。

（二）水肥一体化灌溉管理技术

根据作物需水规律合理制定灌溉制度，根据冬春茬和秋冬茬不同，适当调整灌水次数。一般苗期每天灌溉 3 次，分 8 时、12 时、17 时三个时段灌水，每次灌溉 15min，按照 1～4 组顺序轮灌；开花坐果期每天灌溉 4 次，分 8 时、11 时、14 时、17 时四个时段灌水，每次灌溉 15min，顺序轮灌；盛果期可根据空气和土壤温度的升高适当增加 1 次灌水，每天灌溉 5 次，分 8 时、11 时、13 时、15 时、17 时五个时段灌水，每次灌溉 15min，顺序轮灌。如基质含水量保持在 60％左右，不需要增加一次灌水，4 次即可。

应选择有机基质栽培 AB 专用水溶肥料，根据配比均匀混合至施肥桶。基质填充后，第 1 次灌溉就应将肥料随水施用，以后每次灌溉时利用比例式施肥器自动吸入肥料施用。苗期施用比例应控制在 0.6％～0.8％，花期应控制在 1％左右，盛果期可适当调至 1.2％～1.6％。基质 EC 值应不高于 2.8mS/cm，如超过 2.8mS/cm 应降低施肥比例。

（三）设备定期观察维护

因轻简栽培水肥一体化自控系统是每日定时定量灌溉，因而基质含水量受气温、光照等因素变化影响较大，缓冲能力不强，需始终保持每组滴灌带正常灌溉，所以应定期对水泵、施肥器、电控球阀、水位控制仪进行清理维护，保持其正常稳定工作，尤其是水位控制仪，应定期查看其出水状态，及时更换故障设备，防治堵塞失控影响作物正常生长。

六、番茄轻简化自控有机基质栽培技术

（一）品种选择

选用抗病、抗逆性强，耐低温弱光，连续结果能力强，优质、高产、耐贮运、商品性好的品种。

（二）栽培茬口

1. 秋冬茬

6月上中旬育苗，7月上中旬定植，10月中下旬开始采收，12月下旬拉秧。

2. 早春茬

11月下旬育苗，次年1月上中旬定植，3月下旬开始采收，6月下旬拉秧。

（三）定植前准备

1. 基质配制

草炭：蛭石：珍珠岩＝3：1：1，加爆根1号菌剂 $4kg/m^3$，充分混合均匀，再加水60％拌匀，堆闷7～10d备用。

2. 栽培槽

将铝箔纸折叠成宽15cm、高10cm，长度依据日光温室栽培宽度而定的长方体栽培槽，两端用丁基防水胶带粘贴密封，填料后每隔80cm用胶带粘贴固形。栽培槽南北向摆放，栽培槽距145cm。栽培槽底部应平整一致，无落差。

3. 填料

定植前5～10d完成填料，整平栽培面，铺好滴灌带，定植前3d滴灌1次透水。

4. 消毒

定植前7～10d，亩用硫黄粉1.5～2.5kg、敌敌畏250mL与锯末混匀后点燃，进行熏蒸闷棚。

（四）定植

选择晴天，采取单行密植，番茄株距 16cm，行距 160cm，亩保苗约 2 600 株，定植深度为苗坨低于栽培面 1cm。定植后及时滴灌 1 次，母液 A、母液 B 的比例均为 0.6％，基质含水量应达到 80％～90％。

（五）定植后管理

1. 温度管理

缓苗前，白天保持室温 28～30℃，夜间 17～20℃，地温不低于 20℃。缓苗后，适当降低室温，白天保持 22～26℃，夜间 15～18℃。坐果后，适当疏果，每个果穗留 3～4 果。结果期，白天保持室温 22～28℃，夜间 12～18℃，最低夜温不低于 8℃。晴天午间温度达 30℃以上时，及时通风降温。阴、雨、雪天，白天室温适度降低。

2. 光照管理

5 月下旬至 9 月上旬，棚膜外覆盖遮阳网进行遮阳降温，降低光照强度。冬、春、秋季的低温期间，夜间覆盖保温棉被，白天揭去保温棉被，增加光照时间；清洁棚膜，保持较高的透光率。

大雪天，及时清扫保温棉被上的积雪后揭开保温棉被，适度见光，下午提前覆盖保温棉被；连续阴天时，适度延迟揭开保温棉被时间，下午提早覆盖保温棉被；久阴聚晴时，要陆续间隔揭开保温棉被，不宜猛然全部揭开，以免叶面灼伤。揭开保温棉被后，若植株叶片发生萎蔫，应再覆盖保温棉被，待植株恢复正常，再间隔揭开保温棉被。

3. 水肥管理

应用比例式施肥器、自动水位控制仪等进行水肥一体化精准灌水施肥。

（1）肥料　选用无土栽培营养肥（浙江大学农业与生物技术学院研发、山东丰本生物科技股份有限公司生产）的 A 肥（大量元素水溶肥）、B 肥（中微量元素水溶肥），将 A 肥、B 肥分别加入 A 容器和 B 容器中，各加水稀释 100 倍，配制成母液 A 和母液 B。

（2）苗期　实行隔天灌溉，分 8 时、12 时、17 时三个时段进行滴灌，每次滴灌 10min，母液 A、母液 B 的比例均为 0.6%，基质含水量保持在 60%～70%。

（3）开花结果期　实行每天灌溉，每天分 8 时、11 时、14 时、17 时四个时段进行滴灌，每次滴灌 15min，母液 A、母液 B 的比例均为 0.8%，基质含水量保持在 50%～70%。

（4）4～6 穗果期　实行每天灌溉，分 8 时、11 时、13 时、15 时、17 时五个时段进行滴灌，每次滴灌 15min，母液 A、母液 B 的比例均为 1.2%，基质含水量保持在 60%～70%。

4. 气体管理

（1）换气　每天适时适量通风换气，排出有害气体。

（2）补充 CO_2 气肥　冬、春季增施 CO_2 气肥。在温室内安装 CO_2 气体发生器或建造生物质发酵堆进行 CO_2 气体供应，使室内的 CO_2 气体浓度达到 800～1 500mg/kg。

5. 植株调整

（1）吊蔓　植株高 25cm 时用吊秧绳隔株错行吊蔓，行间距 40cm。

（2）整枝　采用单干整枝，只留主蔓结果，当侧枝长 8～10cm 时及时摘除。

（3）摘心、摘叶、换头　短茬栽培时，可在主蔓上留 5～7 穗果后摘心，即最上目标果穗开花授粉后，顶部留 2 片叶摘心；如果进行换头或延长栽培时，在主蔓上留 3～4 穗果后换头栽培，利用侧枝再进行结果，即每坐 3～4 果后摘心保留最上果穗下第一侧枝为结果枝。第 1 穗果转红时，摘除其下全部叶片，之后及时摘除枯叶、病叶、老叶。

6. 保果疏果

（1）保果　使用番茄电动振动棒授粉器进行人工辅助授粉。有条件的利用熊蜂授粉。

（2）疏果　除樱桃番茄外，为保证产品质量应适当疏果。大果型品种每穗选留 3～4 果，中果型品种每穗选留 4～6 果，选留大小均匀、周正、无伤口、无病的果实。

（六）采收

果实达商品成熟时，在严格执行农药安全间隔期前提下，及时采收。

七、黄瓜轻简化自控有机基质栽培技术

（一）品种选择

选用抗病、抗逆性强，耐低温弱光，连续结果能力强，优质、高产、耐贮运、商品性好，适合目标市场消费需求的品种。

（二）栽培茬口

1. 秋冬茬

8 月上中旬育苗，9 月上中旬定植，10 月上中旬开始采收，12 月下旬拉秧。

2. 早春茬

11 月中下旬育苗，翌年 1 月中下旬定植，3 月上中旬开始采收，6 月下旬拉秧。

（三）定植前准备

1. 基质配制

草炭：蛭石：珍珠岩＝3：1：1，加爆根 1 号菌剂 $4kg/m^3$，充分混合均匀，再加水 60％拌匀，堆闷 7～10d 备用。

2. 栽培槽

将铝箔纸折叠成宽 15cm，高 10cm，长度依据日光温室栽培宽度而定的长方体栽培槽，两端用丁基防水胶带粘贴密封，装料后每隔 80cm 用胶带粘贴固形。栽培槽南北向摆放，栽培槽距 145cm。栽培槽底部应平整一致，无落差。

3. 填料

定植前 5～10d 完成填料，整平栽培面，铺好滴灌带，定植前 3d 滴灌 1 次透水。

4. 消毒

定植前 7～10d，亩用硫黄粉 1.5～2.5kg、敌敌畏 250mL 与锯末混匀后点燃，进行熏蒸闷棚。

（四）定植

选择晴天，采取单行密植，黄瓜株距 17cm，行距 160cm，亩保苗约 2 450 株，定植深度为苗坨低于栽培面 1cm。定植后及时滴灌 1 次，母液 A、母液 B 的比例均为 0.6%，基质含水量应达到 80%～90%。

（五）定植后管理

1. 温度管理

缓苗前，白天保持室温 25～30℃，夜间 10～15℃，地温不低于 20℃。缓苗后，适当降低室温，白天保持 24～28℃，夜间 15～20℃。开花结果期，白天保持室温 25～30℃，夜间 10～15℃。晴天，午间温度达 30℃ 以上时，及时通风降温。遇到低温天气，可在保温帘上加盖一层棚膜，提高室温 2～3℃。

2. 光照管理

冬、春、秋季的低温期间，夜间覆盖保温棉被，白天揭去保温棉被，增加光照时间；清洁棚膜，保持较高的透光率。

大雪天，及时清扫保温棉被上的积雪后揭开保温棉被，适当见光，下午提前覆盖保温棉被；连续阴天时，适度延迟揭开保温棉被时间，下午提早覆盖保温棉被；久阴聚晴时，要陆续间隔揭开保温棉被，不宜猛然全部揭开，以免叶面灼伤。揭开保温棉被后，若植株叶片发生萎蔫，应再覆盖保温棉被，待植株恢复正常，再间隔揭开保温棉被。

3. 水肥管理

应用比例式施肥器、自动水位控制仪等进行水肥一体化精准灌水施肥。

（1）肥料　选用无土栽培营养肥（浙江大学农业与生物技术学院研发、山东丰本生物科技股份有限公司）的 A 肥（大量元素水溶肥）、B 肥（中微量元素水溶肥），将 A 肥、B 肥分别加入 A 容器和 B 容器中，各加水稀释 100 倍，配制成母液 A 和母液 B。

（2）苗期 实行隔天灌溉，分 8 时、12 时、17 时三个时段进行滴灌，每次滴灌 10min，母液 A、母液 B 的比例均为 0.6%，基质含水量保持在 60%～70%。

（3）开花结果期 实行每天灌溉，每天分 8 时、11 时、14 时、17 时四个时段进行滴灌，每次滴灌 15min，母液 A、母液 B 的比例均为 0.8%，基质含水量保持在 50%～70%。

（4）盛果期 实行每天灌溉，分 8 时、11 时、13 时、15 时、17 时五个时段进行滴灌，每次滴灌 20min，母液 A、母液 B 的比例均为 0.1%，基质含水量保持在 70%～80%。

4. 植株调整

（1）整枝吊蔓 植株高 30cm 时及时隔株错行吊蔓，行间距 45cm。清除第 4 叶以下较低节位的幼瓜和花，4 叶以上节位正常留瓜，每 2 节留 1 个，及时清除上部节位的侧蔓、卷须和雄花。

（2）保花保果 开花后为了促进坐瓜，提高坐瓜率和商品率，在温室内推广应用熊蜂授粉，防止产生畸形瓜。

（六）采收

黄瓜果实从开花到采收一般需要 7d 左右，当黄瓜长到 22～32cm 时及时采收，以免影响植株长势及后期产量。

八、病虫害臭氧防控技术

臭氧常温下是有鱼腥气味的无色气体，难溶于水，半衰期 15～30min。臭氧具有强氧化性与高效广谱杀菌性，可在较低温度下发生氧化反应，其消毒杀菌能力强，反应后还原为氧气，是高效、无二次污染的洁净氧化剂。臭氧杀菌是代替农药的一种有效手段，为公认的绿色灭菌消毒技术。

（一）技术特点

臭氧制备简单，在常温常压下，使用空气中的氧气现场就可制备，无须运输；消毒杀菌灭虫能力强，高效无死角；使用后无残留，不二次污染环境，成本较低。

（二）防治原理

臭氧在分解过程中释放出自由基态氧能够穿透细胞壁，氧化分解氧化酶，氧化组织蛋白、硫醇类以及不饱和脂肪酸，损伤细胞膜的构成，导致细菌、真菌和昆虫的存活率降低甚至死亡。

（三）主要防治病虫害

可以防治温室黄瓜、青椒、茄子等茄果类作物的所有气传病害和大部分土传病害；可有效预防黄瓜霜霉病、白粉病、炭疽病、蔓枯病、花叶病毒病的大面积发生，对茄子、菜豆灰霉病也有预防作用。除对病害有显著防治效果外，臭氧对部分虫害也有防治效果。

（四）技术要点

1. 臭氧气体防治病虫害

臭氧生产设备用于温室蔬菜防治病虫害实景见图 17。

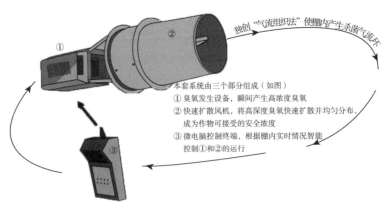

独创"气流组织法"使棚内产生杀菌气流环

本套系统由三个部分组成（如图）
① 臭氧发生设备，瞬间产生高浓度臭氧
② 快速扩散风机，将高深度臭氧快速扩散并均匀分布，成为作物可接受的安全浓度
③ 微电脑控制终端，根据棚内实时情况智能控制①和②的运行

图 17　臭氧生产设备及应用实景

（1）熏棚消毒　蔬菜定植前1周，密闭棚室，结合高温闷棚利用臭氧发生器将臭氧气体集中施放于棚室内，持续施放2h以上。

（2）设施蔬菜定植后的病虫防治　定植缓苗后，在覆盖棉被或日落时，每亩棚室持续施放臭氧30min，浓度控制在0.05～0.08mg/kg，每周两次，对病虫害进行预防。若有病虫害发生时，可增加至每天一次，持续施放时间及防治时间不变。

2. 臭氧水防治病虫害

（1）种子处理　将臭氧气体导入清水中并不断搅拌，10min后即制得臭氧溶液。将种子倒入其中浸泡15～20min，可杀灭种子表面的病毒、病菌及虫卵。

（2）设施蔬菜定植后的病虫防治　每次整枝打杈后，用臭氧水进行全株喷施，预防病虫害；或在病虫害发生时用臭氧水进行全株喷施防治。

（五）注意事项

白天光照较强时，请勿施用臭氧，易出现烧苗现象；使用烟雾剂后，应完全排出烟雾后，再施用臭氧；施放量及时间要根据不同作物及其生长时期进行适当的调整。一般成株期作物与苗期作物相比，对臭氧的适应性更强。随着植株生长，施放量与施放时间可逐渐增加，以达到既可防治病虫又不伤害蔬菜作物的目的。释放时应尽量保证均匀，且喷气口不能直接对着蔬菜，应该距离蔬菜植株1m以上；臭氧施放时棚室内温度应保持在10～30℃，在空气湿度较大的情况下防治效果会更好；棚室熏蒸时严防人畜进入，以免引起中毒或出现其他不良反应。

九、辅助配套设施

（一）遥控轨道运输车

主要运用于日光温室、大棚内农药、肥料等生产资料及采收后的农产品运输，还能搭载喷粉、打药设备，彻底解决了大棚内运输难的问题。

遥控轨道运输车的主要特点是：遥控器具有遥控加、减速度和停止刹车功能，遥控距离达 200m，载重量达 300kg；配置了红外线探测器，检测到障碍物时能自动停车；采用两个免维护 500W 低速强扭力电机，动力强劲，电机噪音小；单根钢管轨道成本低，安装简单、方便；大幅度降低了劳动强度，提高了生产效率（图 18）。

图 18　遥控轨道运输车

（二）植物补光灯

光照不足，易导致室内植株生长势弱，果实畸形，果形指数差，着色不良，抗病能力减弱等，对产量和品质影响较大。利用植物补光灯（图 19）、铺反光膜等措施增加光时光量，改善环境光照条件，可促进农作物正常生长。

图 19　植物补光灯

（三）电子灭虫灯

在棚室内设置电子灭虫灯，可减少害虫为害及传播病菌。电子灭虫灯具有抗热、耐水、耐腐蚀、无毒无味等优点，不同颜色的杀虫灯的反射、折射光，对害虫能产生一定的驱避作用。设施蔬菜栽培应用杀虫灯可实现蔬菜生产的生态有机效果（图20）。

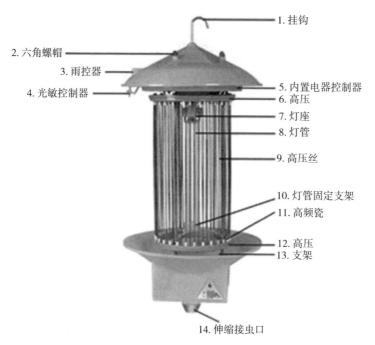

1. 挂钩
2. 六角螺帽
3. 雨控器
4. 光敏控制器
5. 内置电器控制器
6. 高压
7. 灯座
8. 灯管
9. 高压丝
10. 灯管固定支架
11. 高频瓷
12. 高压
13. 支架
14. 伸缩接虫口

图20 电子灭虫灯

（四）暖风机

1. 电加热暖风机

电加热暖风机就是一种能将电能转换为热能的高品质电加热设备，用于对流动气态介质的升温、保温、加热，从而实现对温室、大棚内部环境的加热、保温（图21）。

2. 燃油暖风机

燃油暖风机主要是对空气进行加热，可以提供洁净干燥的热空气对整个空间加热，温度均匀。燃油暖风机有着加热迅速、热量流通快的优点。

图 21　暖风机

第六章

主栽蔬菜病虫害绿色防控技术

戈壁设施蔬菜病虫害绿色防控技术是在目标产量效益范围内，针对生产条件与栽培特点，紧紧围绕提升蔬菜产品质量安全这个主线，以"绿色减灾、和谐植保"为核心，以保护生态环境、节本降耗、提高资源利用率为目标，坚持"预防为主、综合防治"的值保方针，围绕重点区域、重点蔬菜、重大病虫实施综合防治措施，通过优化集成物理、生物、生态和化学调控等新技术，开发安全型防控措施，不断加大展示应用新技术、新模式、新产品，把病虫危害损失控制在允许的经济阈值以下，使蔬菜中的农药残留量控制在国家规定的范围以内，达到优质、绿色、高产、高效的目的。

一、农业防治技术

农业防治是蔬菜病虫绿色防治技术的基础。目的是采用合理的农业技术措施，创造有利于蔬菜生长，不利于病虫发生为害的生态环境条件，增强植株的抗逆性，减轻病虫为害。

1. 选用抗病良种

选用抗（耐）病虫品种是防治蔬菜病虫害的有效措施。要充分结合当地主栽种类和病虫发生情况，通过新品种引进试验示范，筛选适合戈壁栽培的优良品种，特别是适合西北地区戈壁等非耕地设施栽培的专用品种，以增强作物自身的抗逆性和抗病性，减轻病虫为害，实现绿色高产高效目标。

2. 合理轮作倒茬

在同一设施内连续种植一种蔬菜或同类蔬菜，即进行蔬菜连作，容易导致连作障碍，引发和加重病虫为害。这主要是由于同类蔬菜特性、对土壤环境和温室环境的要求、茬口安排等基本一致，就会造成病虫害发生种类规律相同或相似。因此，在生产中应按不同的蔬菜种类或与玉米等粮食作物实行有计划的轮作倒茬、间作套种，既可改变基质的理化性质，提高肥力，又可减少病源虫源积累，减轻危害。

3. 及时清洁田园

病虫大多数在病残株、落叶、杂草或基质中越冬、越夏或栖息，在播种或定植前，结合深翻整地，及时清除残枝败叶及病残体，铲除周边杂草，消灭病虫寄主，生产过程中及时摘除病老残叶、残花等病残体，带出棚室深埋或烧毁，减轻病虫为害。

4. 种子消毒处理

最好选用包衣种子，非包衣种子播种前选晴天晒种 2～3d，通过阳光照射杀灭附着在种皮表面的病菌。茄果类、瓜类蔬菜种子用 55℃温水浸种 10～15min，豆科或十字花科蔬菜种子用 40～50℃温水浸种 10～15min 或用 10％盐水浸种 10min，可将种子中混入的菌核病菌、线虫卵漂除或杀死，预防菌核病和线虫病发生。

5. 培育健康壮苗

育苗场地应与生产地隔离，防止生产地病虫传入。可采用营养钵、穴盘基质育苗，育苗前要进行基质消毒处理，加强育苗管理，及时防治病虫害，淘汰病苗、弱苗、小苗，选用优质适龄壮苗定植。有条件的可在工厂化育苗场（基地）购苗。瓜类、茄果类蔬菜可采用嫁接苗，可预防瓜类枯萎病、茄子黄萎病、番茄青枯病、番茄根结线虫病等多种病害。

6. 深翻晒土（基质）

深翻可将地下害虫、土壤（基质）中病原菌翻至地表，通过阳光照射，达到消灭土壤中病原菌和虫卵的目的，减轻土传病虫害发生。另外使土壤（基质）疏松，有利于蔬菜根系发育，提高植株抗逆性。

7. 科学配方施肥

合理施肥能满足植物生长的营养需要，要依据各类蔬菜需肥规律及供肥特点进行合理科学施肥，以有机肥、生物有机肥为主，合理配施化学肥料。化肥施用要适当控制氮肥用量，增施磷、钾肥及各种微肥。施足底肥，勤施追肥，结合喷施叶面肥，杜绝使用未腐熟的肥料。

8. 生态调控技术

通过有机生态无土栽培技术、水肥一体化技术、农药化肥减施技术、自动放风技术、智能化管理技术等集成配套，最大限度地创造适合蔬菜植株生长而不利于病虫害发生的环境条件，将病虫为害降到最低。

（1）温湿度调控　根据不同蔬菜对温湿度的要求及病害发生规律，合理调节温湿度可以达到减少病虫害发生的目的。如大棚的变温管理，即在早上日出后通风 1h 排出湿气，然后密闭棚室，使温度升高至 28～32℃，但不超过 35℃，可增强光合作用，抑制晚疫病、白粉病等的发生。中午放风使温度降至 20～25℃、湿度降到65%～70%，低湿度抑制了病菌孢子的萌发。夜晚关闭大棚后湿度上升到80%以上，但夜温降到 11～12℃，低温抑制病菌的萌发。科学合理地供水控制好湿度，如晴天上午浇水后高温排湿，冬季低温时少灌水。

（2）光照调控　光照不足易导致植株茎秆纤细，抗逆性差。棚膜老化、水滴灰尘和流滴性等都影响光照。试验测定，采用无滴膜、消雾膜和 PO 膜等功能性棚膜可显著提高透光率。

（3）气体调控　温室大棚内二氧化碳浓度过低，影响蔬菜光合作用，生长势弱，降低抗病力。对部分管理水平较高的棚室，要求增施有机肥，增加二氧化碳浓度，或在见瓜见果后，从揭草帘到中午12时，增施二氧化碳气肥，可明显增强瓜果长势，增强抗病性。

二、物理防治技术

1. 有色粘板防虫技术

设施内小型昆虫如蚜虫、烟粉虱、蓟马等为害日益严重，利用这些小型昆虫对一些色谱的趋性进行诱杀，可减少害虫的发生与为害。黄色粘板主要诱杀有翅蚜、烟粉虱等害虫，蓝色粘板主要诱杀蓟马等害虫，在设施中与防虫网结合使用效果更好。利用蚜虫对银灰色的负趋向性，通过在棚室通风处悬挂银灰色的薄膜条，或将银灰色薄膜覆盖于地面，驱避蚜虫，可收到较好的避蚜效果，减轻蚜虫传毒病害的发生。色板诱杀一定要在虫害发生早期，虫量发生少时使用，一般每棚（667m²）平均放置 20～30 片（每片面积25cm×40cm）。

2. 防虫网使用技术

防虫网是以人工构建的屏障，将害虫拒之网外，达到防治虫害的效果。防虫网覆盖可防止烟粉虱、菜青虫、小菜蛾、甜菜夜蛾等害虫的发生为害；夏秋季节覆盖防虫网栽培蔬菜，可减少农药的使用次数和使用量。防虫网覆盖首先要选择合适目数的防虫网，例如防治烟粉虱应选择 60 目的防虫网。其次，覆盖前必须清洁田园，清除前茬作物的残枝残叶，清除田间杂草等。然后对土壤进行药剂处理，可用辛硫磷等药剂喷施，消除残留在土壤中的虫、卵。覆盖时网的四周应盖严、盖牢，防止害虫潜入网内或被风吹开、刮掉。

3. 高温闷棚技术

夏季 6～8 月高温季节是温室换茬季，可进行高温闷棚杀菌杀虫。高温闷棚技术具有简单安全，可以杀死棚内多种土传病菌和线虫，防治病虫害效果好的特点。但是在实际生产中因为闷棚方法不当，往往会效果不佳或者造成熏苗等问题，因此应掌握以下技术要点。

一是闷棚前清园消毒。闷棚要在棚内蔬菜收获后进行，闷棚前一定要将棚内植株的根、茎、叶尤其是病枝病叶病果全面、彻底地清除出棚，并进行集中深埋或焚毁，切忌不可随意乱扔，也不可只拔秧不清根。在彻底完成清园整地后，即可用阿维菌素混合菌核净等药物，对棚里里外外、角角落落进行全面、均匀的喷药消毒，也可关闭棚室封口，使用百菌清等烟熏剂熏棚进行杀毒灭菌。发病较为严重的棚室可以适当加大用药量。

二是闷棚操作方法。洁净棚室后，撒施威百亩、石灰氮等杀菌药剂，每亩混用 20kg，深翻 25～40cm 后整平。对棚室内基质进行灌水至充分湿润，相对湿度达到 85％左右（地表无明水，用手攥团不散即可）。用地膜或整块塑料薄膜进行地面覆盖，密封各个接缝处，同时封闭棚室并检查棚膜，修补破口漏洞，保持清洁和良好的透光性。密闭后的棚室，室温可升高到 70℃以上、表层土壤温度可达到 50℃以上，保持棚内高温高湿 25～30d，其中至少有累计 15d 以上的晴热天气。闷棚可以持续到下茬作物定植前 5～10d。

三是闷棚注意事项。在药剂闷棚结束后，要及时进行开棚通风晾晒 10d 左右，使棚内有害气体全部排出棚外，避免因为通风时间过短、有害气体棚内残留造成后期熏苗。同时，高温闷棚或熏棚，不但会杀死棚内土壤中的有害病菌和害虫，同时也会杀死土壤中的有益菌群，所以应当在闷棚结束后尽量增施、多施微生物菌肥等优质有机肥，以促进土壤中有益菌数量的增加和活动。

三、生物防治技术

利用天敌昆虫、昆虫致病菌、农用抗生素及其他生防制剂等控制蔬菜病虫害，可以直接替代部分化学农药的应用，减少化学农药的用量。生物防治不污染蔬菜和环境，有利于保持生态平衡和产业绿色发展。

1. 以虫治虫

（1）丽蚜小蜂防治温室白粉虱　此虫可寄生在白粉虱的若虫和蛹体内，寄生后，害虫体发黑、死亡。例如，当番茄每株有白粉虱 0.5～1 头时释放丽蚜小蜂"黑蛹"5 头/株，每隔 10d 释放 1 次，连续释放 3 次，若虫寄生率达 75％以上。

（2）烟蚜茧蜂防治桃蚜、棉蚜　每平方米棚室甜椒或黄瓜，放烟蚜茧蜂寄生的僵蚜 12 头，初见蚜虫时开始放僵蚜，每 4d 一次，共放 7 次。放蜂 45d 内甜椒有蚜率控制在 3%～15%，有效控制期 52d；黄瓜有蚜率在 0～4%，有效控制期 42d。

2. 以菌治虫

据报道，北京市农林科学院用玉米粉为主要培养基培养繁殖座壳孢菌菌剂，用于防治温室白粉虱，共对温室白粉虱若虫的寄生率可达 80%以上。

3. 以抗生素治病虫

（1）抗生素治虫

①10%浏阳霉素乳油对螨触杀作用较强，残效期 7d，对天敌安全。用其 1 000 倍液在叶螨发生初期开始喷药，每隔 7d 喷一次，连续防治 2～3 次，防效可达 85%～90%。

②8%虫螨克乳油对叶螨类、鳞翅目、双翅目幼虫有很好的防治效果。用 1.8%虫螨克乳油 6 000 倍液，每 15～20d 喷一次，对茄果类叶螨防治效果在 95%以上，对美洲斑蝇初孵幼虫，防治效果在 90%以上，且持效期 10d 以上。用同剂型 3 000～4 000 倍液防治一二龄小菜蛾及二龄菜青虫幼虫，防治效果在 90%以上。

（2）抗生素治病

①武夷菌素。2%武夷菌素水剂 150 倍液防治瓜类白粉病、番茄叶霉病、黄瓜黑星病、韭菜灰霉病，病害初发时喷药，间隔 5～7d 喷一次，连续喷施 2～3 次，有较好的防治效果。

②农抗 120。2%农抗 120 的 150 倍液灌根防治黄瓜、西瓜枯萎病，每株灌药 250mL，初发病期开始灌药，间隔 7d 灌一次，连灌 2 次，防治效果达 70%以上；150 倍液喷雾防治瓜类白粉病、炭疽病、番茄早疫病、晚疫病及叶菜类灰霉病，有较好的防治效果。

③农用链霉素、新植霉素。用 4 000～5 000 倍液喷雾防治黄瓜、甜椒、辣椒、番茄、十字花科蔬菜细菌性病害，效果较好。

4. 特异性杀虫剂

这一类农药并非直接杀死害虫，而是通过干扰昆虫的生长发育和新陈代谢，使害虫缓慢而死，并影响下一代繁殖。这类农药对人畜毒性很低，对天敌影响小，环境相容性好，如除虫脲、氯氟脲、氟虫脲、丁醚脲、米螨、虫螨腈等。

5. 植物源杀虫剂

部分植物体内生物碱具有一定的抑制病菌生长的成分和有毒物质，对防治病虫害有一定的效果。如鱼藤、除虫菊、巴豆、苦参、苦楝、川楝、烟草等可用于防治多种蔬菜害虫。近年来，国内外研究开发出了多种植物性农药制剂，如 2.5% 鱼藤酮乳油、0.2% 苦参碱水剂、27% 油酸烟碱乳油等。苦参碱水剂可用于防治红蜘蛛、蚜虫、菜青虫、小菜蛾、白粉虱；鱼藤酮乳油可用于防治蚜虫；氧苦·内酯水剂可有效防治蚜虫；除虫菊素可有效防治蚜虫；苦楝油可控制白粉虱和潜叶蝇的发生；大黄素可有效防治黄瓜白粉病；0.25% 苏打溶液加 0.5% 乳化植物油可有效防治白粉病和锈病；木醋酸可用来防治根部、叶部病害。其他如烟草液、辣椒液等对防治部分虫害均有较好效果。

6. 矿物源农药

波尔多液对很多害虫有驱避和杀卵作用；索利巴尔（70% 多硫化钡可溶性粉剂），具有石硫合剂的功效，也可以替代石硫合剂；柴油乳剂，用柴油、中性皂和水按 10∶1∶10 的比例熬成，对防治蚜虫具有一定功效；肥皂水 200～500 倍液可用来防治蚜虫和白粉虱；硅藻土可用于防治蚜虫等；波尔多液可有效防治真菌性病害；绿乳铜，广谱性防病药剂，具有波尔多液的功效；高锰酸钾可用于防治多数病害发生；生石灰可用于细菌性病害如青枯病的根部消毒。

四、化学防治技术

在积极应用各种农业、物理、生态技术防治蔬菜病虫害的同时，根据病虫害发生与为害特点，科学应用安全、高效、低毒、低残留的化学农药是保障蔬菜安全高效生产的必然选择。

1. 合理选择农药

应根据病虫害发生种类，选择高效、低毒、低残留农药，禁止使用高毒、高残留农药，禁止使用在蔬菜上禁限用农药。在生产中要根据天气变化灵活选用农药剂型和施药方法，如阴雨天则宜采用烟雾剂或粉尘剂防治，可有效降低设施内湿度，减轻病虫为害。

2. 适时对症用药

应在病害发生初期、害虫低龄幼虫期施药，做到适时用药，以减少用药量，提高防治效果。蔬菜病虫害种类繁多，有害生物对农药的反应各不相同，针对不同病虫害侵染为害特点选择对路农药十分重要。如杀虫剂中的胃毒剂对咀嚼式口器的害虫有效，用于防治刺吸式口器害虫则近无效果；杀菌剂中的甲霜灵对霜霉病有效，用于防治白粉病或细菌性角斑病则近无效。因此，只有对症选准用药才能收到理想的效果。

3. 轮换使用农药

长期用同一种药剂防治病虫害，容易产生抗药性。特别是一些菊酯类杀虫剂和内吸性杀菌剂，连续使用数年，防治效果会显著降低。轮换和交替用药是克服和延缓抗药性的有效办法。对于杀虫剂，应选择作用机理不同或能降低抗性的不同农药交替使用；对于杀菌剂，将保护性杀菌剂和内吸性杀菌剂交替使用，或者不同杀菌机制的内吸杀菌剂交替使用。在生产上轮换使用不同作用机制的农药，可以延缓有害生物抗药性的产生，充分发挥农药药效。

4. 正确混配用药

在多种病虫害同时发生时，要正确复配农药，提高防治效果，扩大防治范围。但实际应用中农药并不可以任意混合，在施药前要掌握药剂的理化性质，相同性质的药剂可以混合，酸性农药与碱性农药不可混合，混合容易发生分解、沉淀，影响药效。在生产上要正确混合用药，达到一次用药防治多种病虫害的目的。

5. 注意安全间隔期

严格按照农药使用说明中规定的用药量、用药次数、用药方法，规范使用药剂；严格控制农药使用安全间隔期，在规定的安全间隔期收获，以防止人畜食后中毒。

第七章

日光温室主栽蔬菜评鉴及检测技术

一、日光温室主栽蔬菜品质评鉴技术

蔬菜新品种在某一特定地区综合表现如何，适不适合在当地推广应用，须在开展不同区域、不同茬口试验示范，分析对比及综合性状测评的基础上，进一步结合专业化评价进行论证。

（一）试验评定分析

通过开展区域试验、品种对比试验、生产试验，从生长表现、坐果性、抗病性、产量等方面综合进行测评，有条件的情况下，还可开展水分、蛋白质、脂肪、碳水化合物、维生素、可溶性固形物和矿物质元素等成分的测定和分析，结合各个方面的数据资料，综合分析品种的性状特点，为示范推广提供依据。

（二）组织开展专家品鉴

组织有关专家组成专业鉴定组，对需品评认定的蔬菜品种进行现场品鉴，在相同温室设施条件、相同定植时间、同等栽培密度条件下，由专家现场从植株长势、坐果性、抗病性，以及果实（产品）色泽、感官度、适口性等方面进行测定及细化评定，在此基础上，召开专门品鉴会议，广泛听取专家意见，综合各项数据，得出直观可靠的结论。

（三）组织开展消费者品鉴

利用市场访问消费者，对蔬菜的感官品质进行评价，主要包括蔬菜产品外观品质，如产品大小、形状、色泽、表面特征、鲜嫩程度、整齐度、成熟一致性、有无损伤等；质地品质，如紧实度、硬度、软度，脆性、多汁性，粉性、粗细度，韧性、纤维量；风味品质，如蔬菜入口后的综合感觉，以及辛、辣、鲜、涩和芳香味等。通过消费者综合评定，得出直观结论。

（四）品鉴等级分类

根据产品的健全度、大小、重量、颜色、形状、清洁度、新鲜度、整齐度及病虫害和机械损伤程度进行品鉴分级。可参考如下标准：

1. 特级（A 级）

品质最好，具有本品种的典型形状和色泽，风味良好，无内部缺陷，大小、粗细、长短一致，排列整齐。

2. 一级（B 级）

与特级产品有同样的品质，允许色泽、形状稍有缺点，外表稍有斑点但一般不影响外貌和品质，产品在包装中不需要排列整齐，允许有一定误差。

3. 二级（C 级）

产品可以呈现某些外部和内部缺点，适合就地销售或短距离运输，新鲜供应本地市场。

（五）绿色蔬菜污染物、农药允许残留指标

1. 叶菜类蔬菜

适用于绿色食品绿叶类蔬菜，包括菠菜、芹菜、莴笋、莜麦菜、小茴香、香菜、茼蒿、荠菜、菜苜蓿等，叶菜类蔬菜产品必检项目及限量指标如下：

序号	项目	限量（mg/kg）	检测方法
1	铅（以 Pb 计）	≤0.3	GB/T 5009.12
2	镉（以 Cd 计）	≤0.2	GB/T 5009.15
3	氯氟氰菊酯（cyhalothrin）)	≤0.2	NY/T 761
4	氯氰菊酯（cypermethrin）	≤0.2	NY/T 761
5	毒死蜱（chlorpyrifos）	≤0.05	NY/T 761
6	啶虫脒（acetamiprid）	≤0.1	GB/T 19648

（续）

序号	项目	限量（mg/kg）	检测方法
7	吡虫啉（imidacloprid）	≤0.1	GB/T 23379
8	哒螨灵（pyridaben）	≤0.1	GB/T 19648
9	多菌灵（carbendazim）	≤0.1	GB/T 23380
10	百菌清（chlorothalonil）	≤0.5	NY/T 761
11	嘧霉胺（pyrimethanil）	≤0.5	GB/T 19648
12	苯醚甲环唑（difenoconazole）	≤0.1	GB/T 19648
13	腐霉利（procymidone）	≤0.2	NY/T 761

2. 茄果类蔬菜

适用于绿色食品茄果类蔬菜，包括番茄、樱桃番茄、辣椒、甜椒、香瓜茄、树番茄、少花龙葵等茄果类蔬菜，其农药残留检测方法及限量指标如下：

序号	项目	限量（mg/kg）	检测方法
1	乙烯菌核利（vinclozolin）	≤1	NY/T 761
2	腐霉利（procymidone）	≤2	NY/T 761
3	氯氰菊酯（cypermethrin）	≤0.2	NY/T 761
4	百菌清（chlorothalonil）	≤1	NY/T 761
5	氯氟氰菊酯（cyhalothrin）	≤0.1	N/T 1680
6	多菌灵（car bendazim）	≤0.1	NY/T 761
7	联苯菊酯（bifenthrin）	≤0.2	NY/T 761
8	乙酰甲胺磷（acephate）	≤0.1	NY/T 761
9	敌敌畏（dichlorvos）	≤0.1	NY/T 761
10	甲萘威（carbary）	≤1	NY/T 761
11	抗蚜威（pirimicarb）	≤0.5	NY/T 761
12	吡虫啉（imidacloprid）	≤0.5	NY/T 1275
13	毒死蜱（chlorpyrifos）	≤0.2	NY/T 761
14	异菌脲（iprodione）	≤5	NY/T 761

3. 瓜类蔬菜

适用于绿色食品瓜类蔬菜，包括黄瓜、冬瓜、节瓜、南瓜、笋瓜、西葫芦、飞碟瓜、越瓜菜瓜、普通丝瓜、有棱丝瓜、苦瓜、瓠瓜、蛇瓜、佛手瓜等瓜类蔬菜，其农药残留检测方法及限量指标如下：

序号	项目	限量（mg/kg）	检测方法
1	百菌清（chlorothalonil）	≤1	NY/T 761
2	溴氰菊酯（deltamethrin）	≤0.1	GB/T 5009.110
3	氯氰菊酯（cypermethrin）	≤0.2	NY/T 761
4	三唑酮（triadimefon）	≤0.1	NY/T 761
5	多菌灵（carbendazim）	≤0.1	NY/T 1680
6	灭蝇胺（crafrazne）	≤0.2	NY/T 725
7	异菌脲（iprodione）	≤1	NY/T 761
8	甲霜灵（metalaxyl）	≤0.2	GB/T 1964
9	腐霉利（proeyTrudone）	≤2	NY/T 761
10	乙烯菌核利（vinclozolin）	≤1	NY/T 761
11	乙酰甲胺磷（acephate）	≤0.1	NY/T 761
12	抗蚜威（pirimicarb）	≤0.5	GB/T 5009.104
13	毒死蜱（chlorpyrifos）	≤0.1	NY/T 761
14	三唑磷（triazophos）	≤0.1	NY/T 761
15	吡虫啉（imidacloprid）	≤0.5	NY/T 1275

（六）建立产品追溯体系

通过建立"戈壁农产品质量安全追溯体系"，实现戈壁农业食用农产品合格证与追溯二维码"证码合一"、戈壁农产品大数据分析及监测、智能手机监管平台的推广使用以及宣传农业品牌及农产品的功能。

通过统一采用"合格证＋追溯码"的追溯模式，以及建立农产品质量追溯管理制度，配套相应的检测用房、专门的检测人员及实验设备，打造标准化农残检测室（追溯示范点），同时落实农产品生产、收购、贮存、运输全程质量控制记录并及时录入追溯平台，可实现农产品"生产有记录，信息可查询，流向可追踪，质量有保障"，确保了戈壁绿色蔬菜产品质量全程可追溯。

二、日光温室主栽蔬菜农药检测技术

（一）检测目标物

农药使用后在蔬菜上出现的任何特定物质，包括被认为具有毒理学意义的农药衍生物，也包括农药转化物、代谢物、反应产物及杂质等。

（二）检测方法

采集日光温室主栽蔬菜制备成试样，用乙腈提取，提取液经过固相萃取或分散萃取等方式净化，气（液）相色谱或气（液）相色谱-质谱联用仪检测，内标法或外标法定量（图22）。

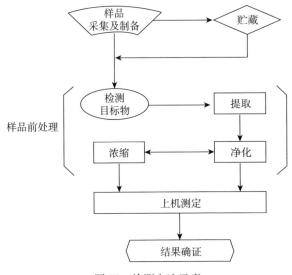

图 22　检测方法示意

（三）检测流程

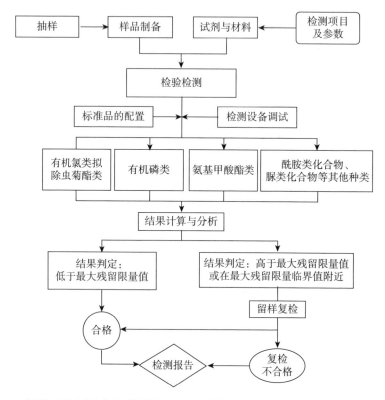

（四）日光温室主栽蔬菜田间抽样技术规范

1. 抽样单元的设置

对日光温室主栽蔬菜抽样时，以每个温室为一个抽样单元，每个抽样单元内根据实际情况按对角线法、梅花点法、棋盘式法、蛇形法等采取样本，每个抽样单元内抽样点不应少于 5 个，每个抽样点面积为 1m² 左右，随机抽取该范围内的蔬菜、瓜果作为检测用样本。

2. 抽样方法

为确保抽取的样品具有代表性，每个抽样点随机取样；抽取的蔬菜、瓜果样品应无明显的碰伤、腐烂、长菌或其他表面损伤；抽样时应选择成熟度相同的样品，不宜抽取完全成熟的样品；搭架引蔓的蔬菜应取中段果实，果实的着生部位、果个大小和成熟度应尽量保持一致。对于已经采收的抽样对象，以每个果堆或者贮藏库作为一个抽样点，从产品堆垛的上、中、下三层随机抽取样品。

3. 戈壁主栽蔬菜样品取样（测定）部位

蔬菜	取样（测定）部位
番茄（樱桃番茄）、茄子、辣椒、人参果	全果（去柄）
黄瓜、西葫芦	全瓜（去柄）
韭菜	整株
西瓜、甜瓜	全瓜

4. 戈壁主栽蔬菜样品的最低取样量

蔬菜产品	最低取样量
番茄、茄子、辣椒、黄瓜、西葫芦、人参果	3kg
西瓜、甜瓜	5 个个体
韭菜	3kg
成捆蔬菜	10 捆

5. 抽样时间

抽样时间应根据戈壁日光温室生产的不同蔬菜种类的成熟期来确定，应尽量安排在蔬菜成熟期或即将上市前进行，在喷施农药安全间隔期内的样品不要抽取，应选在晴天上午的 9～11 时或者下午的 3～5 时进行抽样。下雨天不宜抽样。

6. 抽样人员

抽样人员应经过培训，取得相应的资质。每个抽样点抽样人员不应少于 2 人。其中一人应具有工作经验，负责对抽样工作程序的具体实施及相关情况的协调处理。

抽样人员应态度端正，工作作风严谨。

7. 抽样记录

抽样人员应准确规范地填写抽样单，对抽取的样品给予明显的唯一性标识。抽样完成后由抽样人与被抽样单位（个人）在抽样单和封条上签字、盖章，当场封样，并采取相应的防拆封措施，确保样品的真实性，并保障封条在运输过程中不会破损。抽取的样品一般要在24h内送至检测实验室，否则应将样品冷冻后运输。样品运输、贮存过程中应采取有效的防护措施，确保样品不被污染、不发生腐败变质、不影响后续检验。抽取的样品原则上不允许邮寄或者托运，应由抽样人员随身携带。

（五）检测样品的制备

将抽取的主栽蔬菜取可食部分，按照以下要求进行样品制备。

1. 样品清理

直接在温室抽取的蔬菜样品，如表面有附着物应在制备前用干净纱布轻轻擦去表面的附着物，如果样品黏附有太多泥土，可用蒸馏水冲洗表面进行处理，并轻轻擦干。

2. 样品缩分

对于个体较小的样品，取可食部分后全部处理，如番茄、黄瓜等；对于个体较大的基本均匀样品，如西瓜、甜瓜，取全瓜在对称轴或对称面上分割，再取对角部分，于清洁的无色聚乙烯塑料薄膜上，将其切成2cm小块，充分混匀，用四分法取样或直接放入食品加工机中捣碎成匀浆，制成待测样。

3. 样品制备工具

无色聚乙烯砧板、转速大于25 000r/min的不锈钢食品加工机（破壁机）或聚乙烯塑料食品加工机、高速组织分散机、不锈钢刀、不锈钢剪、无色聚乙烯塑料薄膜等。

4. 制备样品数量

每份样品制备至少两份，一份作为检验样品，一份用于复检的备份样品，制备好的样品分装至旋盖聚乙烯塑料瓶或者具塞玻璃瓶中，每份样品不少于200g。

(六) 样本的贮存

待测样品贮存的冷藏箱、低温冰箱应清洁、无化学药品等污染物。新鲜样品短期保存2～3d，可放入冷藏冰箱中；长期保存应放在－20～－16℃低温冰箱中。冷冻样本解冻后应立即检测，检测时要将样品搅匀后再称样，如果样品分离严重则应重新匀浆。

(七) 农残检测

1. 农残检测常用方法及标准

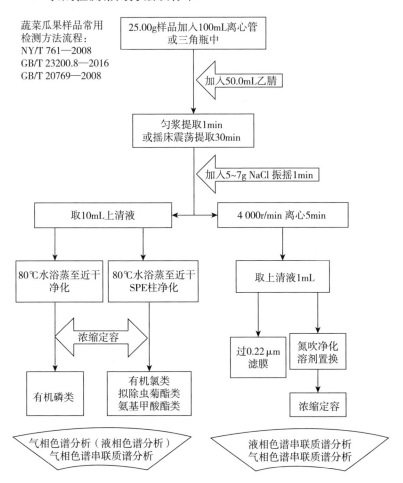

蔬菜瓜果样品常用
检测方法流程：
NY/T 761—2008
GB/T 23200.8—2016
GB/T 20769—2008

25.00g样品加入100mL离心管或三角瓶中

加入50.0mL乙腈

匀浆提取1min
或摇床震荡提取30min

加入5~7g NaCl 振摇1min

取10mL上清液　　4 000r/min 离心5min

80℃水浴蒸至近干净化　　80℃水浴蒸至近干SPE柱净化　　取上清液1mL

浓缩定容

过0.22μm滤膜　　氮吹净化溶剂置换

有机磷类　　有机氯类拟除虫菊酯类氨基甲酸酯类　　浓缩定容

气相色谱分析（液相色谱分析）气相色谱串联质谱分析　　液相色谱串联质谱分析气相色谱串联质谱分析

QuEChERS方法流程：
GB/T 23200.113—2018

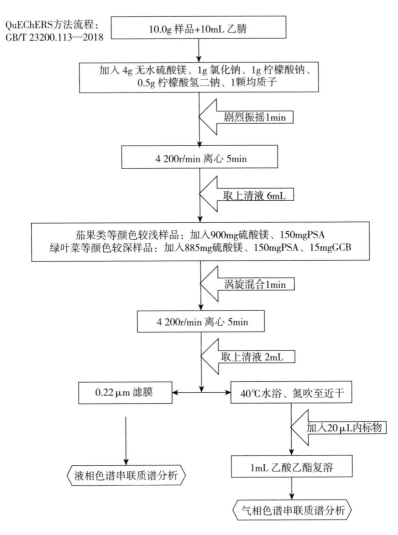

2. 仪器设备

气相色谱仪（带有火焰光度检测器，电子捕获检测器，单、双自动进样器，单、双分流/不分流进样口）、高效液相色谱仪（可进行梯度淋洗，配有柱后衍生反应装置和荧光检测器、自动进样器）、气相色谱串联质谱仪（配有电子轰击源）、液相色谱串联质谱仪

（配有电喷雾离子源）、万分之一天平、百分之一天平、涡旋混合器、摇床或者匀浆机、氮吹仪、恒温水浴锅、高速离心机。

3. 农残分析常用色谱柱

（1）气相色谱常用色谱柱

有机磷类：

定量柱：50％聚苯基甲基硅氧烷（DB－17 或 HP－50＋）柱，30m×0.53mm×1.0μm，或相当者。

辅助定性柱：100％聚甲基硅氧烷（DB－1 或 HP－1）柱，30m×0.53mm×1.50μm，或相当者。

有机氯、氨基甲酸酯类：

定量柱：100％聚甲基硅氧烷（DB－1 或 HP－1）柱，30m×0.25mm×0.25μm，或相当者。

辅助定性柱：50％聚苯基甲基硅氧烷（DB－17 或 HP－50＋）柱，30m×0.25mm×0.25μm，或相当者。

（2）液相色谱常用色谱柱

氨基甲酸酯类：

预柱：C_{18}柱，4.6mm×4.5cm。

分析柱：C_8 柱，4.6mm×25cm，5μm；或 C_{18}柱，4.6mm×25cm，5μm。

（3）气相色谱串联质谱分析常用色谱柱

14％氰丙基苯基-86％二甲基聚硅氧烷色谱柱（CP－Sil 19 CB）。

14％氰丙基-苯基-甲基聚硅氧烷色谱柱（DB－1701），30m×0.25mm×0.25μm 石英毛细管柱，或相当者。

（4）液相色谱串联质谱分析常用色谱柱

ALautisT3：3μm，150mm×2.1mm（内径），或相当者。

4. 标准溶液配制

（1）农药标准品　农药及其代谢物标准品或相关化学品标准物质，纯度≥95％。

（2）单一农药标准溶液　标准贮备液（1 000mg/L）：准确称取 10mg（精确至 0.1mg）某农药标准品，根据标准品的溶解度和测定的需要选择丙酮、正己烷、甲醇、乙腈、甲苯或苯等有机溶剂溶解定容至10mL，逐一配制成1 000mg/L的单一农药标准贮备液，避光贮存在0～4℃冰箱中，保存期限1年。

或直接购买浓度为1 000mg/L单一农药及其相关化学品有证标准物质。

标准工作溶液：使用时根据各农药在对应检测器上的响应值，准确吸取适量的农药标准品，用相应的溶剂逐级稀释为所需的标准工作液。稀释后的标准工作液避光贮存在0～4℃冰箱中，保存时间为1个月。

（3）农药混合标准溶液　参照各农药在仪器上的响应值，参照保留时间进行分组，确定组别后，逐一吸取一定体积的同组别的单一农药贮备液分别注入同一容量瓶中，用相应的溶剂稀释至刻度，采用同样的方法配制成不同组别的农药混合标准贮备溶液，避光贮存在0～4℃冰箱中，保存时间为3个月。使用前用相应溶剂稀释所需质量浓度的标准工作液，稀释后的标准工作液避光贮存在0～4℃冰箱中，保存时间为1个月。

（4）配制标准溶液参考计算公式：

$$C_1 \times V_1 = C_2 \times V_2$$

式中：

C_1——标准溶液的初始浓度（mg/L）；

V_1——吸取初始标准溶液的体积（mL）；

C_2——目标标准溶液的浓度（mg/L）；

V_2——配制标准溶液使用容器的体积（容量瓶体积，mL）。

（5）标准曲线的配制　标准曲线点位、线性范围要设置合理，一般配制包含原点、奇数点位，至少要包含5个点，最低浓度点应至少为采用检测方法的定量限，线性范围至少跨2个数量级，曲线相关系数≥99%。

浓度点位选择原则如下：

　　　　不超标：1±50%　　0.1±0.05mg/kg

　　　　超　标：1±10%　　0.1±0.01mg/kg

（6）单点校正与多点校正　对于色谱法分析农残，个别农药，在检测分析时，仪器响应值会随着时间发生明显变化，因此使用多次单点校正比使用标准曲线校正获得的结果更加准确。一般在检测分析时，可选择与待测组分峰面积含量差别不大（10％）的标准品来计算，结果准确性高。一般每 10 个分析样品进行一次单点校正。

另外，配制标准曲线需要用基质（检测的空白样品）配制大量的标准溶液，且最好是现配现用，而单次检测配制基质标准工作溶液，工作量大，且浓度较低时，误差较大。

5. 进样顺序

仪器自动进样器进样序列的编排应避免或者减少交叉污染，样品是在仪器正常运行期间完成既定目标的测定。

一般进样顺序应设置为：

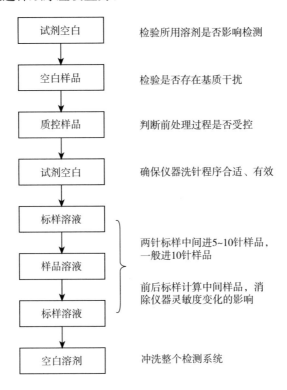

试剂空白	检验所用溶剂是否影响检测
空白样品	检验是否存在基质干扰
质控样品	判断前处理过程是否受控
试剂空白	确保仪器洗针程序合适、有效
标样溶液	两针标样中间进5~10针样品，一般进10针样品
样品溶液	
标样溶液	前后标样计算中间样品，消除仪器灵敏度变化的影响
空白溶剂	冲洗整个检测系统

当同批检测样品数量较多时，需要在每 10 个样品中加入标准品或者实物标样（标准曲线的最低浓度点或者实物标样），以确保检测结果的准确性。

6. 仪器分析

（1）色谱分析　由自动进样器分别吸取 1.0μL（高效液相色谱仪进样量设为 20.0μL）标准混合溶液和净化后的样品溶液注入色谱仪中，色谱柱测得样品溶液中未知组分的保留时间（Rt）分别与标准溶液在同一色谱柱上的保留时间（Rt）相比较，如果样品溶液中某组分的保留时间与标准溶液中某一农药的保留时间相差在 ±0.05min 内的可认定为该农药，完成定性；再以样品溶液峰面积与标准溶液峰面积比较进行定量分析。

色谱定量结果计算：试样中被测农药残留量以质量分数 ω 计，单位以毫克每千克（mg/kg）表示，按以下公式计算：

$$\omega = \frac{V_1 \times A \times V_3}{V_2 \times A_s \times m} \times \rho$$

式中：

ρ——标准溶液中农药的质量浓度（mg/L）；

A——样品溶液中被测农药的峰面积；

A_s——农药标准溶液中被测农药的峰面积；

V_1——提取溶剂总体积（mL）；

V_2——吸取出用于检测的提取溶液的体积（mL）；

V_3——样品溶液定容体积（mL）；

m——试样的质量（g）。

计算结果保留两位有效数字，当结果大于 1mg/kg 时保留三位有效数字。

（2）质谱分析

①质谱定性分析。保留时间定性，用被测试样中目标农药色谱峰的保留时间与相应标准色谱峰的保留时间相比较，相对误差应在 ±2.5% 以内。

②质谱定量分析。在相同实验条件下进行样品测定时，如果

检出的色谱峰的保留时间与标准样品相一致，并且在扣除背景后的样品质谱图中，目标化合物的质谱定量和定性离子均出现，而且同一检测批次，对同一化合物，样品中目标化合物的定性离子和定量离子的相对丰度比与质量浓度相当的基质标准溶液相比，其允许偏差不超过表 9 规定的范围，则可判断样品中存在目标农药。

表 9 定性测定时相对离子丰度的最大允许偏差参照表

相对离子丰度（%）	>50	20～50	10～20	≤10
允许相对偏差（%）	±20	±25	±30	±50

质谱定量结果计算：试样中各农药残留量以质量分数 ω 计，单位为毫克每千克（mg/kg），内标法参照公式（1）计算，外标法参照公式（2）计算。

$$\omega = \frac{\rho \times A \times \rho_i \times A_{s_i} \times V}{A_s \times \rho_{s_i} \times A_i \times m} \tag{1}$$

$$\omega = \frac{\rho \times A_i \times V}{A_s \times m} \tag{2}$$

式中：

ω——试样中被测物残留量（mg/kg）；

ρ——基质标准工作溶液中被测物的浓度（μg/mL）；

A——试样溶液中被测物的峰面积；

A_s——基质标准工作溶液中被测物的峰面积；

ρ_i——试样溶液中内标物的质量浓度（μg/mL）；

ρ_{s_i}——基质标准工作溶液中内标物的浓度（μg/mL）；

A_{s_i}——基质标准工作溶液中内标物的峰面积；

A_i——试样溶液中内标物的峰面积；

V——试样溶液最终定容体积（mL）；

m——试样溶液所代表试样的质量（g）。

计算结果应扣除空白值，测定结果用平行测定的算术平均值表示，保留两位有效数字。含量超过 1mg/kg 时，保留三位有效数字。

（八）结果判定

检测结果依据 GB/T 2763《食品安全国家标准 食品中农药最大残留限量》进行判定。GB/T 2763—2021 版于 2021 年 9 月 3 日起实施，改版涉及新增农药品种 564 种，农药最大残留限量项目数扩增到 10 092 项，新增 2 985 项，其中增加了 960 项蔬菜和 615 项水果农药残留限量标准，全面覆盖了我国批准使用的农药品种和主要植物源性农产品。

现行 GB/T 2763—2021 突出了对高风险的禁限用农药管理，规定了甲胺磷等 29 种禁用农药 792 项限量值，20 种限用农药的限用作物上的 345 项限量值，并且新增推荐 7 个配套的农残检测方法，对农产品质量安全检验检测工作提出了更高的要求，更加严格的判定标准；对禁限用农药在蔬菜、瓜果等产品中最大残留限量按照农药残留检测方法能够检测的最低浓度水平（定量值）进行了修订，对农产品的风险管控提出了更高要求。

（九）禁限用农药名录

---

1. 国家禁止生产和使用的农药品种（46 种）

甲胺磷、甲基对硫磷、对硫磷、久效磷、磷胺、六六六、滴滴涕、毒杀芬、二溴氯丙烷、杀虫脒、二溴乙烷、除草醚、艾氏剂、狄氏剂、汞制剂、砷类、铅类、敌枯双、氟乙酰胺、甘氟、毒鼠强、氟乙酸钠、毒鼠硅、苯线磷、地虫硫磷、甲基硫环磷、磷化钙、磷化镁、磷化锌、硫线磷、蝇毒磷、治螟磷、特丁硫磷、氯磺隆、福美胂、福美甲胂、胺苯磺隆、甲磺隆、百草枯（自 2020 年 9 月 25 日起禁止销售）、2,4-滴丁酯（2023 年 1 月 29 日起禁止使用）、林丹（自 2019 年 3 月 26 日起禁止生产、流通、使用和进出口）、硫丹（自 2019 年 3 月 26 日起禁止生产、流通、使用和进出口）、溴甲烷（农业上禁用）、三氯杀螨醇、氟虫胺（自 2020 年 1 月 1 日起禁止使用）、杀扑磷（已无制剂登记产品）

（续）

2. 限制使用的农药品种（23种）

农药名称	限制使用范围
甲拌磷、甲基异柳磷、内吸磷、克百威、涕灭威、灭线磷、硫环磷、氯唑磷、灭多威、氧乐果、水胺硫磷、磷化铝（12种）	禁止在蔬菜、果树、茶叶和中草药材上使用
	禁止氧乐果在甘蓝和柑橘树上使用
	磷化铝应当采用内外双层包装，外包装应具有良好密闭性，防水防潮防气体外泄，自2018年10月1日起禁止销售、使用其他包装的磷化铝产品
	禁止水胺硫磷在柑橘树上使用
	禁止灭多威在柑橘树、苹果树、茶树和十字花科蔬菜上使用
乙酰甲胺磷、丁硫克百威、乐果	自2019年8月1日起，禁止乙酰甲胺磷、丁硫克百威、乐果在蔬菜、瓜果、茶叶、菌类和中草药材作物上使用
氰戊菊酯	禁止在茶树上使用
丁酰肼	禁止在花生上使用
氟虫腈	除卫生用、玉米等部分旱田作物种子包衣剂外，禁止在其他方面的使用
氟苯虫酰胺	自2018年10月1日起禁止在水稻上使用
毒死蜱、三唑磷	自2016年12月31日起禁止在蔬菜上使用
氯化苦	溴甲烷、氯化苦应在专业技术人员指导下仅作土壤熏蒸使用。禁止用于草莓和黄瓜
杀扑磷、氯化苦	禁止使用于蔬菜、瓜果、茶叶、甘蔗、中草药材等作物
杀扑磷	禁止在柑橘树上使用（已无制剂登记产品）
甲拌磷、甲基异柳磷、克百威	自2016年9月7日起，撤销使用于甘蔗作物的农药登记

3. 目前仍在登记有效状态的高毒农药品种（10种）

甲拌磷、甲基异柳磷、克百威、灭多威、灭线磷、涕灭威、磷化铝、氧乐果、水胺硫磷、氯化苦

图书在版编目（CIP）数据

戈壁设施蔬菜生产关键技术 / 王娟娟，张国森，李莉主编. —北京：中国农业出版社，2022.10
ISBN 978-7-109-29985-6

Ⅰ.①戈… Ⅱ.①王… ②张… ③李… Ⅲ.①蔬菜—温室栽培 Ⅳ.①S626.5

中国版本图书馆 CIP 数据核字（2022）第 166578 号

中国农业出版社出版

地址：北京市朝阳区麦子店街 18 号楼
邮编：100125
责任编辑：孟令洋　郭晨茜
版式设计：杜　然　　责任校对：吴丽婷
印刷：中农印务有限公司
版次：2022 年 10 月第 1 版
印次：2022 年 10 月北京第 1 次印刷
发行：新华书店北京发行所
开本：880mm×1230mm　1/32
印张：3.75
字数：150 千字
定价：40.00 元